蓝珀

鉴定与选购 从新手到行家

不需要长篇大论，只要你一看就懂

商文斌 编著

文化发展出版社
Cultural Development Press

本书要点速查导读

新手

01 了解蓝珀的基础知识

02 掌握蓝珀的产地

03 蓝珀的成品种类有哪些

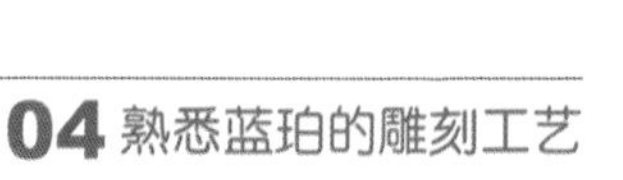

07 蓝珀的疑难解答

行家

06 蓝珀的市场情况及选购

05 掌握蓝珀的鉴定方法和等级评估

FOREWORD 前言

早在2007年，来自加勒比海的多米尼加蓝珀进入中国，以其惊艳的蓝色变色效应，一跃成为收藏界的新宠，尤其是近年来，其价格上涨几十倍，被称为“琥珀之王”。

蓝珀价格之所以能连续几年上涨，一是因为蓝珀的稀缺性。蓝珀形成于几千万年前，作为一种不可再生资源，随着不断开采，其产量势必越来越少。目前蓝珀的产量每年只有几十千克，产量非常稀少。二是因为蓝珀深邃美丽的蓝色荧光反应，使其在琥珀中脱颖而出，奠定了其“琥珀之王”的地位。三是随着越来越多的朋友了解到多米尼加蓝珀的魅力，蓝珀的需求量也越来越大，使得其价格也不断上涨。

最初由于蓝珀进入国内不久，许多商家利用消费者对于蓝珀认识的匮乏，以次充好，用其他产地的琥珀冒充多米尼加蓝珀高价出售，特别是以墨西哥蓝珀冒充者居多，随后造假的蓝珀也出现在大众眼中，还出现了覆膜蓝珀等。基于市场的混乱，也为方便藏友们正确认识蓝珀，所以笔者在写作本书时，参考了许多前辈行家的理论知识，结合笔者对蓝珀的理解以及多年的收藏经验，力求做到客观全面地为藏友们介绍蓝珀知识。

本书第一部分，从基础知识入门着手，介绍蓝珀的历史文化、成因、矿皮、颜色、种类和雕刻等。第二部分，深入介绍蓝珀的基础鉴定方法、不同产地蓝珀的鉴别，以及蓝珀的等级评价。第三部分，

从实战的角度，为藏友介绍蓝珀的市场行情、投资与收藏等，便于藏友在了解理论知识的前提下再去淘宝实战，将理论知识与实战经验相结合。第四部分，收集了广大藏友在学习、收藏过程中最常见、最困惑的问题，并给予详细解答，切实为藏友答疑解惑。

在本书的编写过程中，非常感谢单峰、牛世勇两位老师的指导，同时也要感谢邹峰、施文南、卢星、孙明轩、张超、邹保清，张密、张连福等朋友的支持。另外，本书中的部分资料和图片来自网友，在此也一并感谢。本书在写作过程中难免有所遗漏或不足，欢迎读者朋友指正。

商文斌

2016 年 4 月 29 日

CONTENTS 目录

鉴定技巧……102

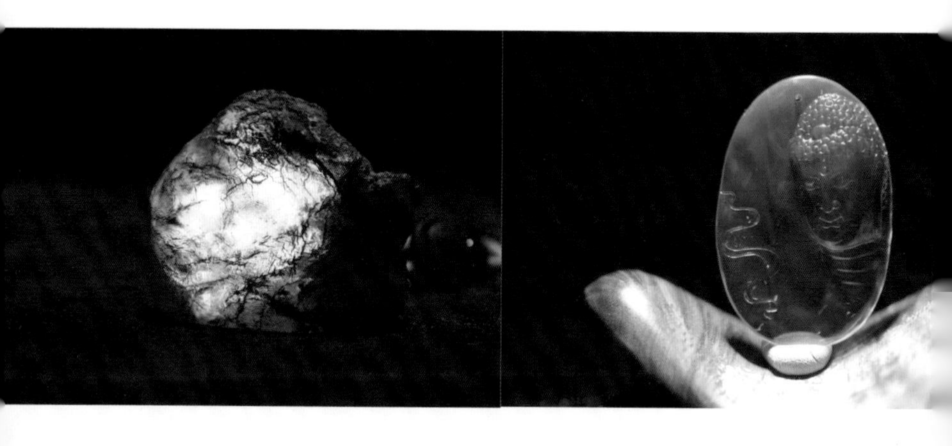

淘宝实战……118

基础入门

蓝珀，以其深邃变幻的色泽和稀少性，征服了所有的收藏爱好者，被誉为“琥珀之王”。那么，请让我们一起走进蓝珀的世界，去揭开它神秘的面纱吧！

琥珀文化

琥珀，是由中生代白垩纪至新生代松柏科类树木的树脂，经过地质作用后形成的化合物的混合物。琥珀的形成要经过三个阶段：一是由松柏科树木分泌出一定的树脂；二是树脂脱落后，经过石化作用变成石化树脂；三是石化树脂经过流水的冲刷、搬运以及沉淀等作用，最后形成美丽的琥珀。

据史书记载，琥珀在我国有着几千年的使用历史，形成了源远流长的琥珀文化。《山海经·南山经》中载："招摇之山，临于西海之上，

琥珀原石

明 · 琥珀瑞兽摆件

长7.5厘米
成交价：RMB220000
拍卖时间：1996-11-16
拍卖公司：北京瀚海拍卖有限公司

明 · 琥珀桃形水丞

高4厘米
成交价：RMB19800
拍卖时间：1996-06-30
拍卖公司：北京瀚海拍卖有限公司

清·蜜蜡鹤鹿同春双孔花插

通高18.7厘米，长16.5厘米，宽6.3厘米
此花插为蜜蜡制成，雕作松竹椿形，为双孔，大孔是松树椿，松枝茂密，小孔为竹椿，并有鹤、鹿及灵芝。底配以镂雕染牙红色桃花枝座。此件花插颜色纯正，雕琢精巧，图案吉祥。

丽之水出焉，而西流注于海，其中多育沛，佩之无瘕疾。”这是我国对琥珀最早的文字记载，其中说明了琥珀的产地以及药用功效，更说明了早在几千年以前，中国人就对琥珀有了一定的研究。1987 年，考古学家在四川广汉三星堆 1 号祭祀坑发现了一枚心形琥珀吊坠，这是目前所知我国最早的琥珀制品，吊坠一面阴刻蝉背纹，一面阴刻蝉腹纹。

自汉代以来，古人对琥珀的认识逐渐加深。西汉陆贾《新语·道基篇》中有言：“琥珀珊瑚，翠羽珠玉，山生水藏，择地而居，洁清明朗，润泽而濡”，直接说明了琥珀的生成过程。《汉书·西域传上·罽宾国》中记录：“（罽宾国）出封牛、水牛、象、大狗、沐猴、孔爵、珠玑、珊瑚、虎魄、璧流离。”罽宾国为汉代西域国名，“虎魄”即琥珀，说明当时西域已产琥珀。《后汉书·西域传》中也有“谓出哀老”、“大秦国有琥珀”之说。东汉王充所著《论衡·乱龙》中有载“顿牟掇芥”，其中“顿牟”指的就是琥珀，《周易正义》中也有“虎珀拾芥”的记载，其中记载说明古人对琥珀的静电效应有了一定的了解。据考古发现了解，汉代已出现大量琥珀制品，这时的琥珀制品大量借鉴了玉器作品的题材，且多为饰品，如南京博物院收藏的琥珀制司南佩，江西省博物馆收藏的琥珀印以及琥珀兽形佩。

在两晋南北朝时期，古人对琥珀的成因开始了深入的探究，形成了三种观点。其一为郭璞《玄中记》所载“枫脂沦入地中，千秋为虎珀”，认为琥珀为枫树的树脂脱落后经过千年演变而成；其二为张华《博物志》所载“松柏脂入地千年化为茯苓，茯苓化琥珀”，认为经过树脂脱落后经过千年演变形成茯苓，茯苓再经过长时间演变形成琥珀；其三为陶弘景《神农本草经集注》所载“琥珀，旧说松脂沦入地千年所化”。此时，人们还发现了琥珀的药用价值，如《宋书·武帝纪下》记载：“宁州尝献虎魄枕，光色甚丽。时诸将北征需琥珀治金疮，上大悦，命捣碎以付诸将。”据考古发现，南北朝时期的琥珀制品比之汉朝大为减少，但大多延续着汉代的风格。

到了唐代，琥珀因其美丽的颜色成为文人笔下的最爱，且以其借指美酒。如李白“兰陵美酒郁金香，玉碗盛来琥珀光”，刘禹锡“琥珀盏红疑漏酒，水晶帘莹更通怕风”，白居易“荔枝新熟鸡冠色，烧酒初开琥珀香”，李贺“绿鬓年少金钗客，缥粉壶中沈琥珀”等。此时人们对琥珀有了更多的了解，出土的唐代琥珀制品更为精致，且数量更为稀少。据了解，唯一出土唐代琥珀制品的墓葬为河南洛阳齐国太夫人墓。

在宋代，有关琥珀的记载更为丰富。如梅尧臣的《尹子渐归华产茯苓若人形者赋以赠行》一诗："神岳畜粹和，寒松化膏液。外凝石棱紫，内蕴琼腴白。千载忽旦暮，一朝成琥珀。既莹毫芒分，不与蚊蚋隔。拾芥曾未难，为器期增饰。至珍行处稀，美价定多益。"其中对琥珀的成因、颜色、琥珀制品以及价值有了相当的了解。此外，琥珀还被当作祝寿之物，如张元千曾作诗"结为琥珀，深根固柢。愿公难老，受兹燕喜。"

明清时期，人们对琥珀的了解逐渐系统化，并在鉴定上有了具体的方法。明代谢肇淛的《五杂俎 · 物部四》中记录："琥珀，血珀为上，金珀次之，蜡珀最下。人以拾芥辨其真伪，非也。伪者傅之以药，其拾更捷。"说明了各类琥珀价值的高低及药用功效。清代谷应泰在《博物要览》卷八中曰："琥珀之色以红如鸡血者佳，内无损绺及不净粘土者为胜，如红黑海蛰色及有泥土木屑粘结并有莹绺者为劣。"说明已经对琥珀等级分类有了一定的经验，反映出了当时人们对于琥珀优劣的看法。据考古发现，明清两代的琥珀制品工艺最为精湛，且质地严密，颜色均匀，价值极高。

最近几年来，随着人们生活水平的提高，收藏市场逐渐火爆，琥

清·琥珀手串

此琥珀珠开片自然，苍蝇翅内隐，珠粒圆润饱满，且整串色泽均匀，极为难得。

珀也逐渐受到人们的关注。琥珀以其柔和美丽的颜色，独特的香气，良好的收藏价值、艺术价值以及药用价值吸引着世人的目光。

何为蓝珀

蓝珀，是琥珀中的一个特殊品种，号称“琥珀之王”，是琥珀品种中价值极高的一种。蓝珀是一个统称,在自然光线下,有呈金黄色、绿色、蓝绿色、天空蓝、蓝紫等多种颜色。其中天空蓝蓝珀是多米尼加蓝珀最珍贵的琥珀之一。

蓝珀是非常稀有的天然琥珀，正常情况下，蓝珀看起来并不是蓝色的，其体色为淡黄色。在黑色背景下，才呈现出独特的蓝色，这种蓝色在强白光下或者太阳光下尤为明显，并且随着光线亮度和角度变换而变换。

在众多的琥珀品种中，蓝珀由于其稀少的产量和独特的变色效应，使其具有极高收藏价值，成为收藏界的新宠。另外，蓝珀极少有昆虫、植物、气泡等内含物。

多米尼加蓝珀原石

内含树叶的红皮蓝珀

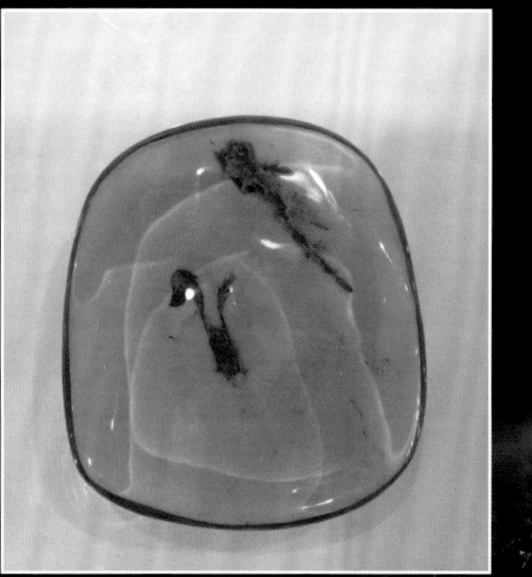

含有枯叶的蓝珀

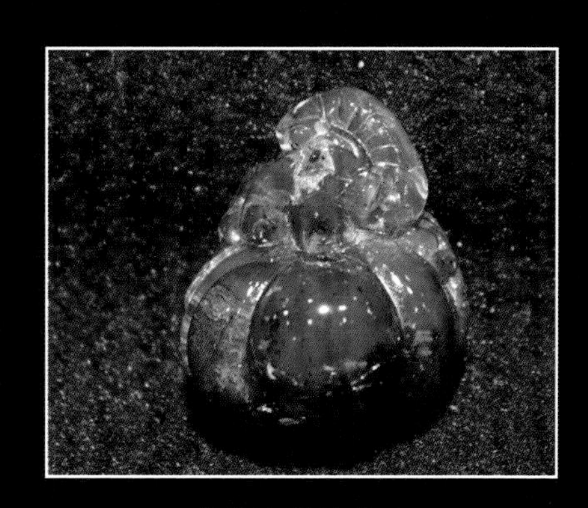

带有杂质的蓝珀

多米尼加蓝珀圆珠

此圆珠纯净无瑕，在黑色背景下呈天蓝色。

多米尼加蓝珀佛首挂件

蓝珀的成因

蓝珀是多米尼加共和国的国宝，它是由三千万年前的豆科类植物的树脂，经过一系列的化学反应，最终形成独具特色的蓝珀。蓝珀之所以珍贵，也正是因为其独特的光学变色反应，其变色特性在琥珀中独一无二。蓝珀为什么会产生如此美丽的变色效应呢?

关于蓝珀的起源和形成，目前并没有一个定论。蓝珀原本是地层中的普通琥珀，因为火山熔岩流过地表，高温使得地层中的琥珀受热产生热解，而热解过程产生的荧光物质——多环芳香分子融入到琥珀之中。还有一种观点则认为是火山爆发时的高温使得琥珀变软，使得附近的物质融入其中，而冷却后琥珀再次形成。但肯定的是，蓝珀内部含有一种荧光物质，使其产生独特的光学反应。

为什么蓝珀从某些角度看起来似蓝非蓝，而从另一个角度看却又

多米尼加蓝珀观音挂坠在白色背景上呈金色

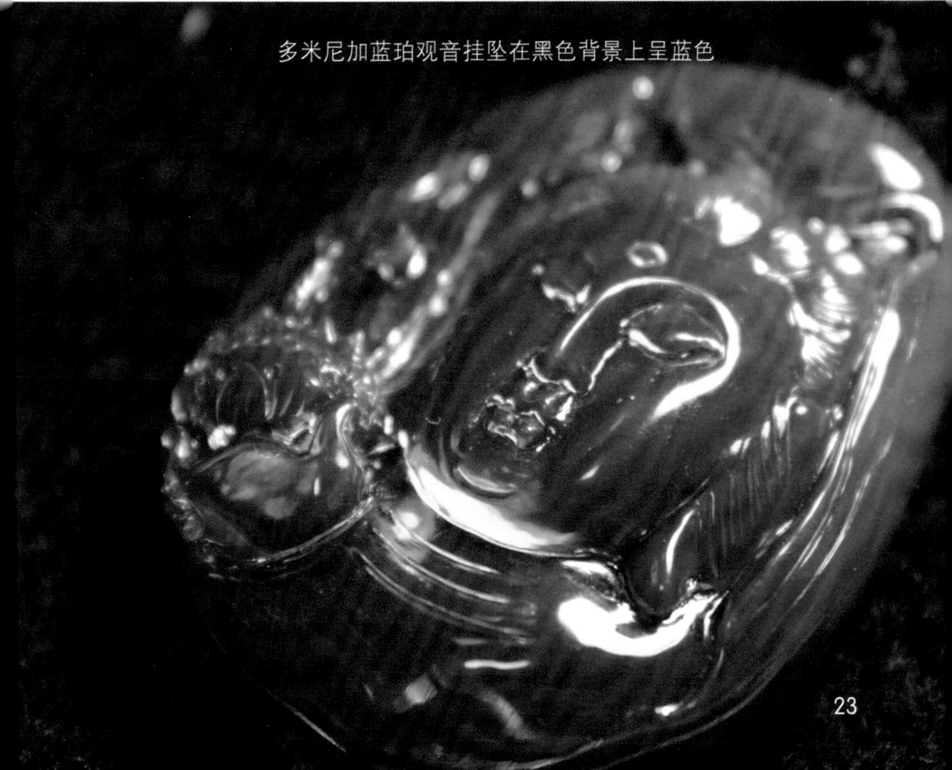

多米尼加蓝珀观音挂坠在黑色背景上呈蓝色

多米尼加蓝珀观音牌子

多米尼加蓝珀在紫光灯下的光学反应更加强烈

多米尼加蓝珀手串

直径15毫米
此手串在自然光线下呈现出金黄色。

和普通的琥珀一样透明呢？蓝珀的蓝光并不是一直都能呈现，而是在某些特定的情况下才能呈现。蓝珀在荧光灯下呈现蓝白色，是由于其中含有“多环芳香分子”，而这种光感物质在吸收外部光线后而呈现出独特的蓝色。

蓝珀内部的荧光物质并非是均匀地分布在蓝珀中，因此不同的蓝珀所呈现的颜色强度并不一样，所以有的蓝珀湛蓝深邃，有的蓝珀清透颜色似无似有，有的蓝珀中还出现部分掉色的现象。

多米尼加蓝珀与普通的琥珀相比，其外观和内含物都有明显的区别，蓝珀原石外表伴随着火山灰，内含物呈现出明显的流淌纹，内含物越多，在日光下的蓝色荧光反应也越强。这些特性也让科学家推断出，蓝珀的成因是在地层中的琥珀在高温熔融下再次聚合，而在熔融的过程中所产生的荧光物质融入其中。

那为什么蓝珀需要在深色的背景下才会呈现蓝色呢？蓝珀在吸收外部光线后会释放出独特的蓝色，白色背景反射光线，使得蓝色周围的光线暗淡，而黑色背景则是吸收光线，所以蓝色荧光耀眼可见。

蓝珀的硬度非常低，摩氏硬度 2.0 ~ 2.5。另外，蓝珀的矿区多在陡峭的山坡地带，大型机器无法用于开采，矿工只能依靠最简单的铁锤等工具开采。蓝珀作为不可再生资源，多米尼加政府已经开始限制开挖出口，所以目前多米尼加蓝珀新的上乘好料已经越来越少。这也使得蓝珀的价格在近五六年来不断上涨。

多米尼加蓝珀手串

直径15厘米
此手串在黑色背景上显出耀眼的天空蓝色。

蓝珀的矿皮

每一块蓝珀皮质都存在一定的差异，但大致上分为灰皮料和红皮料。灰皮料矿皮颜色为灰色，也是最为常见的多米尼加蓝珀料，一般矿皮较为厚实，大部分灰皮料内含物较多，珀体蓝度参差不齐。

红皮料产量稀少，矿皮颜色为红色，透光看非常漂亮。红皮成因推测是因为年份短，风化不明显，所以有些表皮特别薄，有些表皮非常干净漂亮。一般在雕刻时，灰皮料大多会去皮雕刻，而红皮料大多会留背部皮雕刻，因为留红皮才能呈现出红皮蓝珀的特色。收藏红皮料，建议选择收藏原石，或者是留皮的雕件。

灰皮蓝珀原石

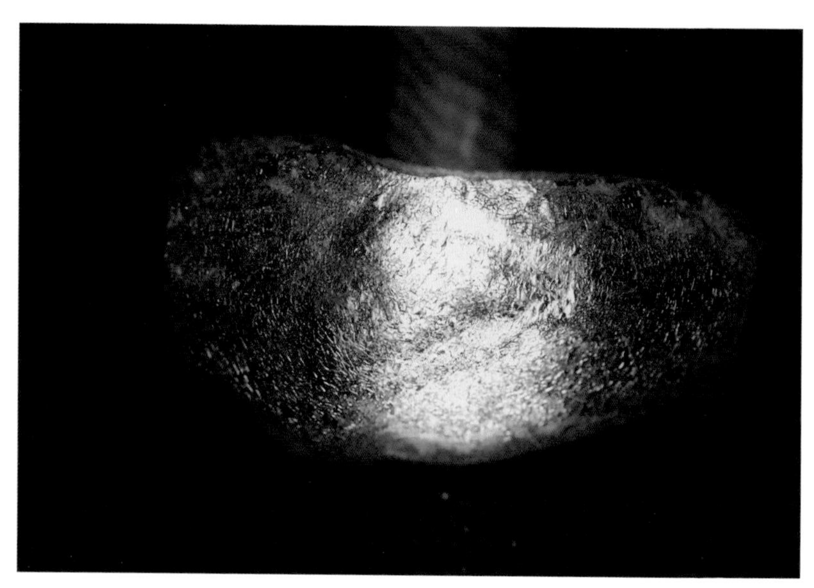

红皮蓝珀原石

红皮蓝珀原石

蓝珀的颜色

蓝珀，顾名思义，其颜色是蓝色的，而这种蓝色指的是琥珀的潜在色。所谓“潜在色”，是指在特定的环境下，琥珀呈现出的颜色。蓝珀的这种“潜在色”需要把蓝珀放在深色背景上，打上白光灯，才会呈现出梦幻的蓝色。

蓝珀在白色背景上，其颜色淡黄，内部干净；在变换角度时，肉眼能感觉到轻微的蓝色反应，在深色背景自然光下，呈现蓝色；在紫光灯下，会有强烈的蓝色荧光反应。而普通的蓝珀，内部带有天然火山灰成分，在深色背景自然光下，颜色呈现瓦蓝，有的甚至发绿。但需要注意的是，大部分矿珀在 365nm 紫光灯下都会有荧光反应，所以

紫蓝色多米尼加蓝珀原石

这并不是判断是否为蓝珀的依据。

虽然蓝珀的潜在色是蓝色，但不同的蓝珀内部光学物质含量多少不同，分布情况也未必均匀，所以不同蓝珀的蓝色分布和蓝度等情况也各不相同。蓝珀的颜色主要有天空蓝、湖蓝、红皮蓝、紫蓝、蓝绿色共生等。其中天空蓝等级最高，湖蓝次之，最后为蓝绿，其中紫蓝色也比较少见，价值也较高。蓝绿色共生，也称为鸳鸯色，即为蓝色和绿色在同一块琥珀中呈现。另外蓝珀内部光学物质分布并非都是均匀的，有些蓝珀会出现掉色的情况，即有部分琥珀颜色残缺。

红皮蓝珀花开富贵挂件

蓝绿色蓝珀福在眼前挂件

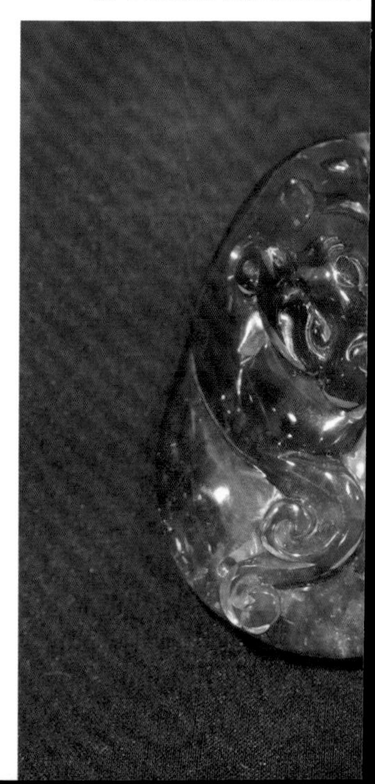

蓝绿色蓝珀手串

天蓝色蓝珀戒指和圆珠

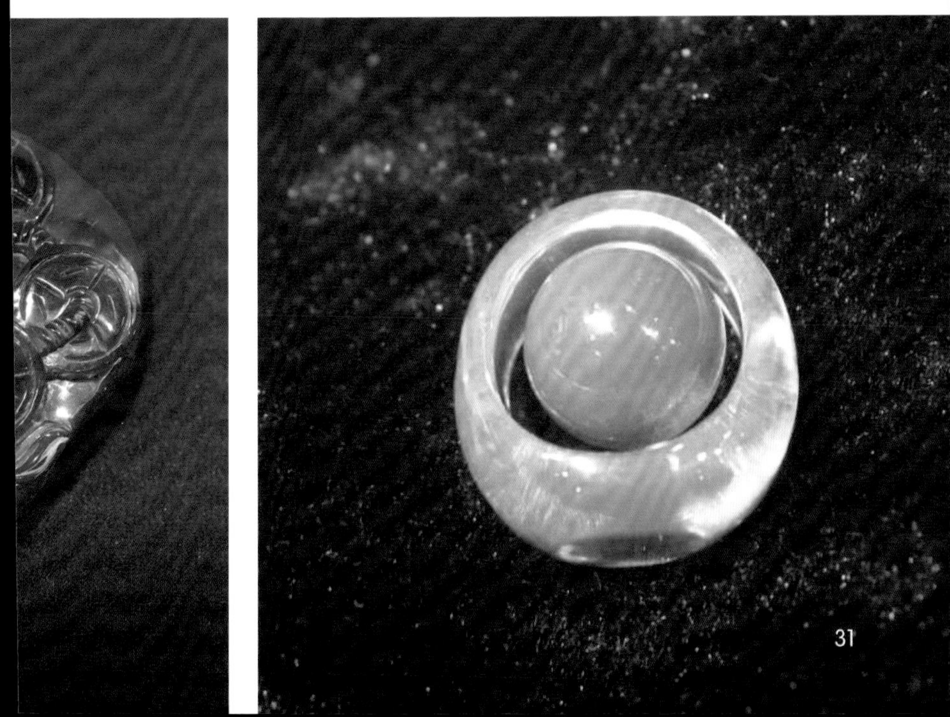

蓝珀的产地

最早蓝珀的公认产地为多米尼加，而如今墨西哥蓝珀、缅甸金蓝珀也开始被消费者所认识。但在收藏圈中，多米尼加的蓝珀由于其优异的品质以及稀缺性而最为消费者所推崇。

多米尼加蓝珀福贝挂坠和墨西哥蓝珀手链

同在黑色背景上，多米尼加蓝珀与墨西哥蓝珀在蓝度上还是有较大差别的，多米尼加蓝珀偏蓝色调，而墨西哥蓝珀则偏绿色调。

多米尼加

多米尼加位于加勒比海伊斯帕尼奥拉岛东部，南临加勒比海，西接海地，北濒大西洋，东隔莫纳海峡同波多黎各相望。多米尼加共和国，国名意为“星期天、休息日”。据说是哥伦布于15世纪末的一个星期日到此，故名多米尼加，首都为圣多明各。1844年，多米尼加脱离海地管治，正式宣布独立。

多米尼加蓝珀元宝手把件

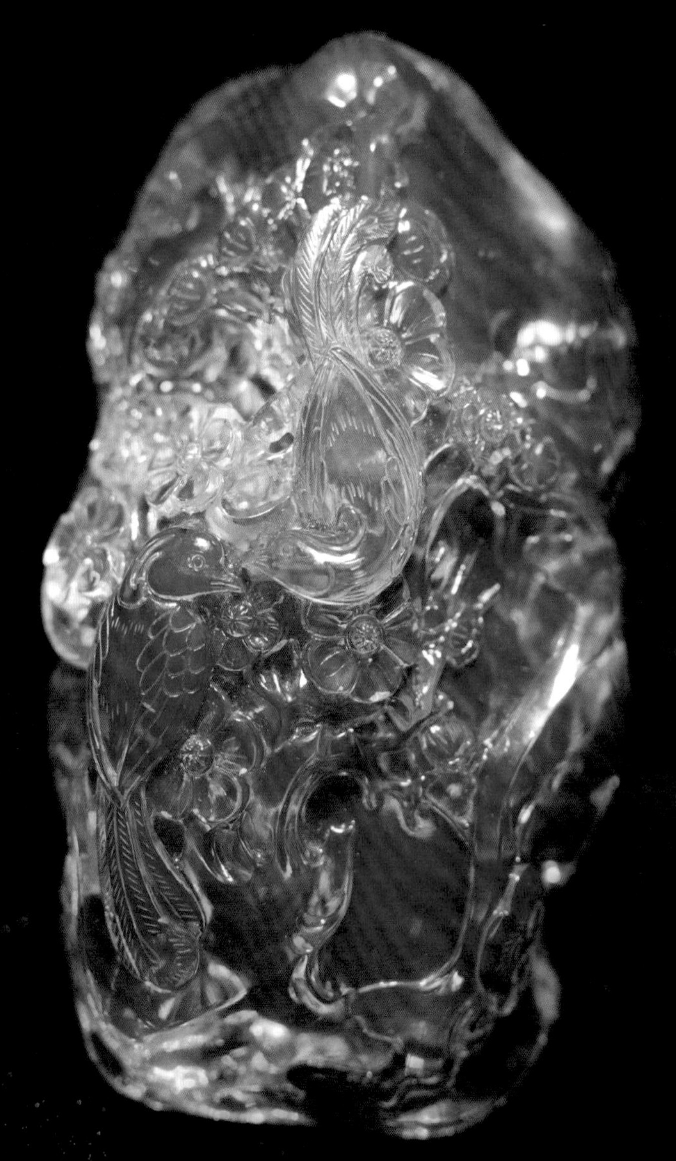

多米尼加蓝珀喜上眉梢手把件

此把件为多米尼加蓝珀，纯净无杂无裂，颜色呈天蓝色，雕刻喜鹊、梅花，寓意喜上眉梢。

多米尼加不仅是世界著名的海滨旅游圣地，也是世界著名的琥珀产地之一，其中以蓝珀最为著名。多米尼加琥珀产量仅占全世界产量的 1%，而其中蓝珀年产量在琥珀产量中更不足 3%，上乘的多米尼加蓝珀年产量仅几十千克，弥足珍贵，加之它美丽的光学效应，奠定了多米尼加蓝珀在琥珀界中的霸主地位。

多米尼加蓝珀花开富贵把件

此把件为多米尼加蓝珀，质地纯净，在黑色背景下呈现出美丽的天蓝色，雕刻牡丹花，寓意花开富贵。

墨西哥

随着多米尼加蓝珀的风靡，墨西哥琥珀以类似的光学反应和更加亲民的价格也慢慢开始流行起来。

墨西哥位于北美洲，北部与美国接壤，东南与危地马拉与伯利兹相邻，西部是太平洋和加利福尼亚。从地理位置上分析，墨西哥和多

米尼加位置接近，两者琥珀也类似，但是在蓝度上，墨西哥蓝珀始终比不上多米尼加蓝珀，也很少有天空蓝的蓝珀，更多的是带有绿色调的琥珀，所以称为蓝绿珀，也称为墨西哥蓝珀。墨西哥蓝珀的产量要比多米尼加蓝珀的产量大，净水的大料子也多。

墨西哥蓝珀手串

墨西哥蓝珀随形挂坠

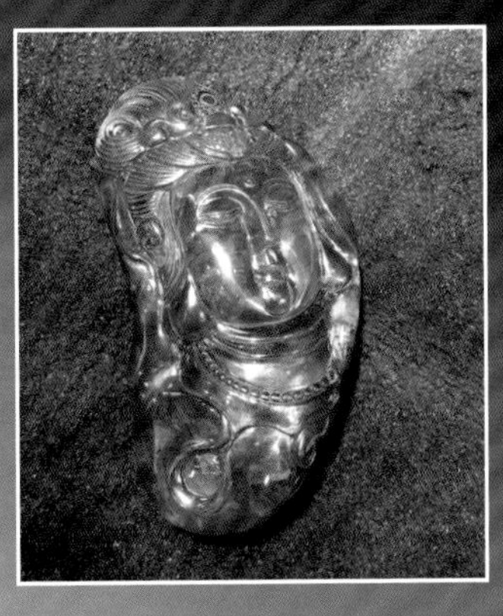

墨西哥蓝珀观音挂件

此挂件偏红色调，整块雕刻一观音头像，观音开脸自然，面部丰满祥慈，慧眼微启下垂，似在静观万物，为苍生祈福。

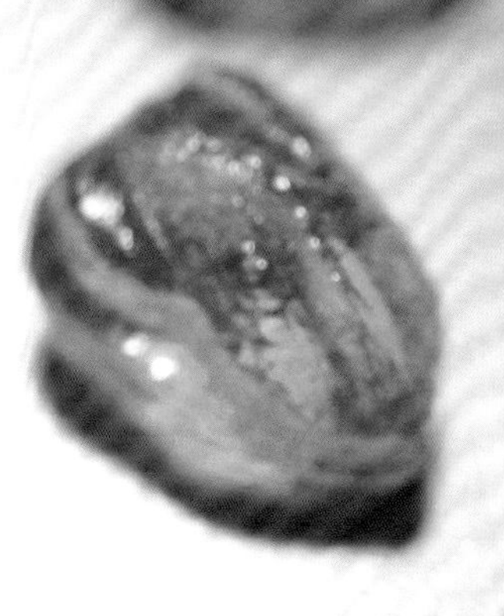

墨西哥蓝珀随形挂坠

墨西哥蓝珀随形把件

此墨西哥蓝珀呈绿色，有些杂质，净度不高。

缅甸

缅甸金蓝珀以其更实惠的价格、蓝色的光学效应，受到消费者的欢迎。缅甸金蓝珀的称号也应运而生，不少人直接称其为缅甸蓝珀。

缅甸蓝珀关公像挂件

从广义上来说，缅甸金蓝珀也可以称为蓝珀，但与多米尼加蓝珀的价值差距相当大。

缅甸金蓝珀是缅甸金珀的一种，缅甸金珀又细分为金蓝、茶珀、柳青等，而金蓝珀是比较珍贵的一个品种，其硬度高，光泽度好。

缅甸蓝珀108子念珠

缅甸蓝珀如意挂坠

缅甸蓝珀释迦牟尼佛头像

缅甸蓝珀圆珠

缅甸蓝珀手镯与镯心

蓝珀的成品种类

蓝珀就成品分类而言，大体可以分为：原石、雕件、随形裸料、镶嵌首饰、珠串五类。

蓝珀原石

收藏蓝珀原石的藏友并不太多，一方面受目前市场上利润、渠道等因素的影响，实体店出售原石的很少，只有少量的商家出售原石，原石大部分到国内加工成成品，普通的买家很难购买到原石。另一方面，原石存在一定的赌性，普通买家难以下手。但也有些藏家喜欢收藏原

去皮的多米尼加蓝珀原石

开窗的多米尼加蓝珀原石

石，原石开窗也别有一番味道。

原石开窗主要以开小窗的居多，也就是切开一个口子，这样可以看清蓝珀的蓝度和内部的情况，口开得越大，蓝珀内部也就看得越清晰。如果是开窗小，矿皮较厚的蓝珀原石，可以用强光手电透过矿皮，看清内部的珀体品质。对于开窗小、皮质很厚的蓝珀原石，建议藏友要谨慎入手。

开窗较大的多米尼加蓝珀

仅从价格上看，选购蓝珀原石更实惠，但赌性很大，如同翡翠赌石一般，存在很大的风险。一方面是蓝珀原石的内部杂质、绺裂等情况不能完全掌握，另一方面是蓝珀原石内部可能存在蓝绿共生的情况，如有蓝色和绿色同时存在的情况下，蓝珀的价值会大打折扣。所以想要收藏原石的藏友，在选择蓝珀原石时要注意原石的形状大小，尽量选择块大，外表较为平整，整体饱满的原石。

去皮的蓝珀原石

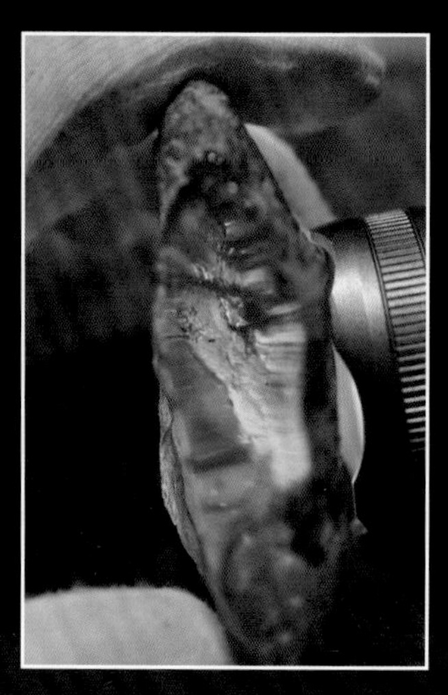

用强光手电筒打光看蓝珀原石

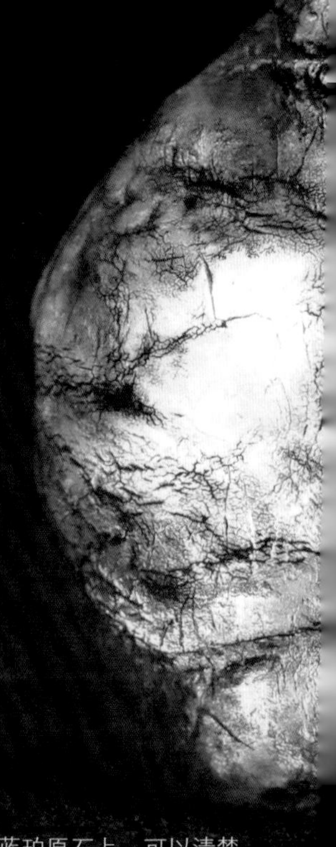

用强光手电筒打光在蓝珀原石上，可以清楚地看到内部是否有裂。

蓝珀雕件

中国的玉石雕刻历史悠久，世界闻名。中国拥有灿烂的传统文化，为雕刻提供了丰富的题材。玉石行有句古话，叫“玉必有工，工必有意，意必吉祥”，蓝珀雕刻也同样赋予了传统吉祥的寓意。雕件就像一件会说话的吉祥之物，向你诉说着雕件的含义，这也是雕刻文化的真谛。

蓝珀雕件是藏品中较常见的品种之一。国内雕刻工艺成熟，雕刻题材众多。雕件体积越大，蓝度越纯正，珀体内越干净，其收藏价值越高。蓝珀雕刻的题材大致可以分为：吉祥图案、神兽和人物等几个类别。

一般而言，普通的小件，受成本限制，不会用特别好的雕刻工艺，而对于一些品质较好的原石，好的雕刻工艺能增加其收藏价值，如果是名师雕刻，其价值当然也就更高了。

多米尼加蓝珀钱袋吊坠

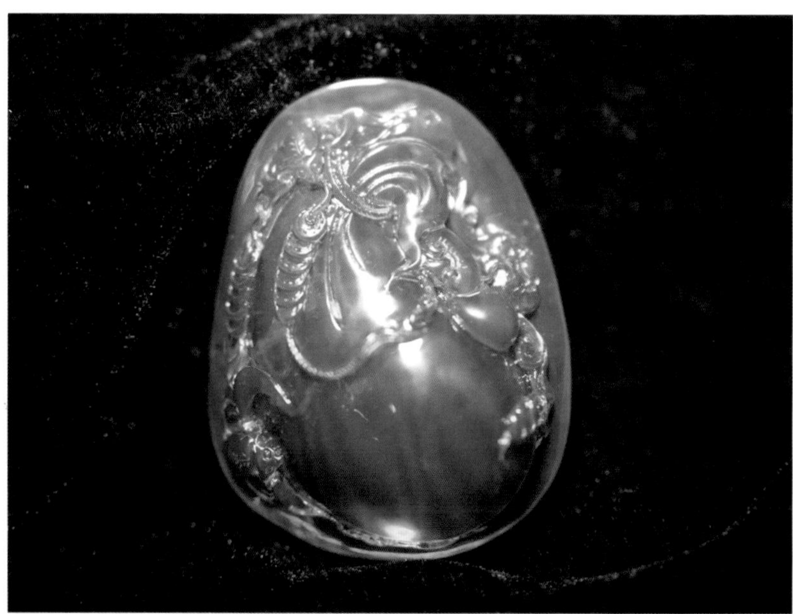

吉祥如意

多米尼加蓝珀连年有余挂件

多米尼加蓝珀花开富贵挂件

多米尼加蓝珀龙马精神挂件

蓝珀随形

随形，顾名思义就是随着原石的形状打磨出来的裸原料。这样打磨能最大化地保留珀体，损耗最少，所以不同的原料打磨出的形状各不相同。当然，有时为了让随形蓝珀在形状上更规整，通常会在随形的基础上打磨出特定的形状，比如蛋面、水滴等。

对于随形比较大的裸料，可以作为摆件，有些玩家喜欢抛光一面，另一面留皮，这样也别具特色。形状稍好的也可以作为手把件。当然最多的是用于做挂坠，随形的挂坠也别有一番韵味。

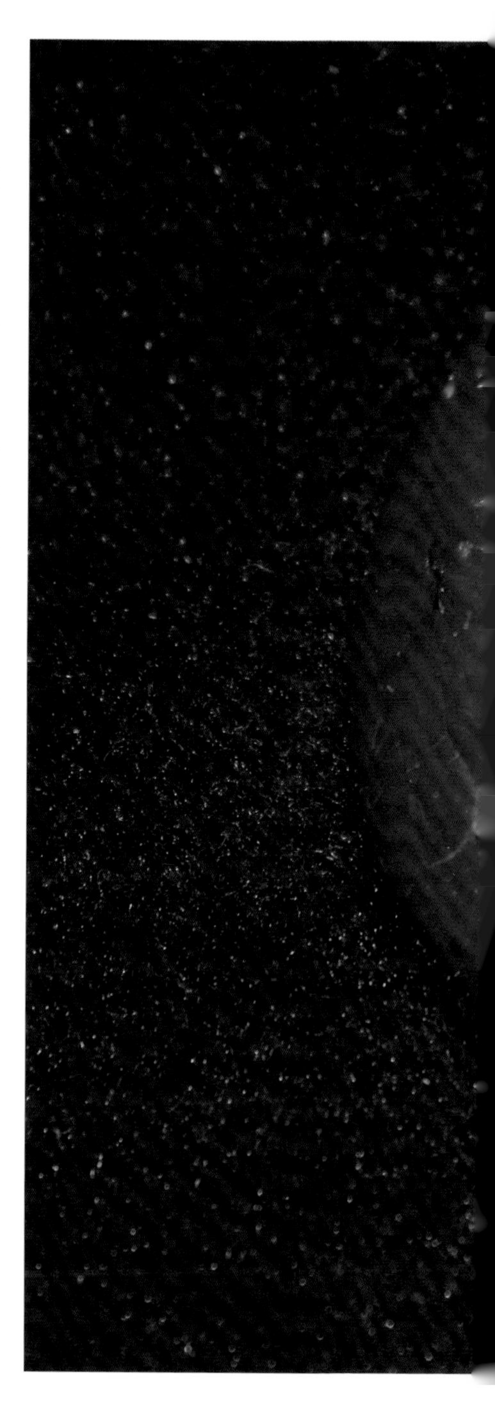

红皮蓝珀随形挂件

红皮蓝珀矿皮比较薄，只需稍加打磨，就是很好的随形挂件了。

多米尼加蓝珀随形挂件

在白色背景下多米尼加蓝珀呈金色

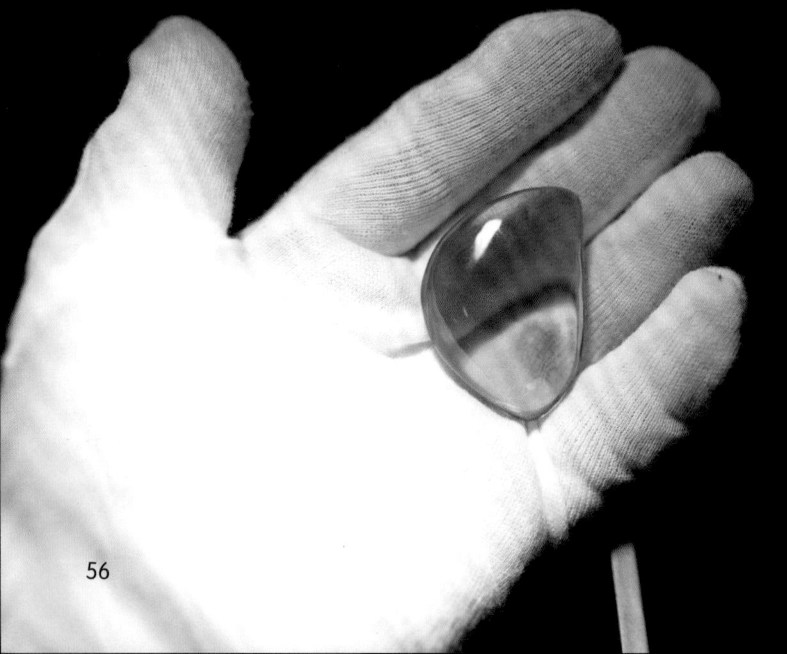

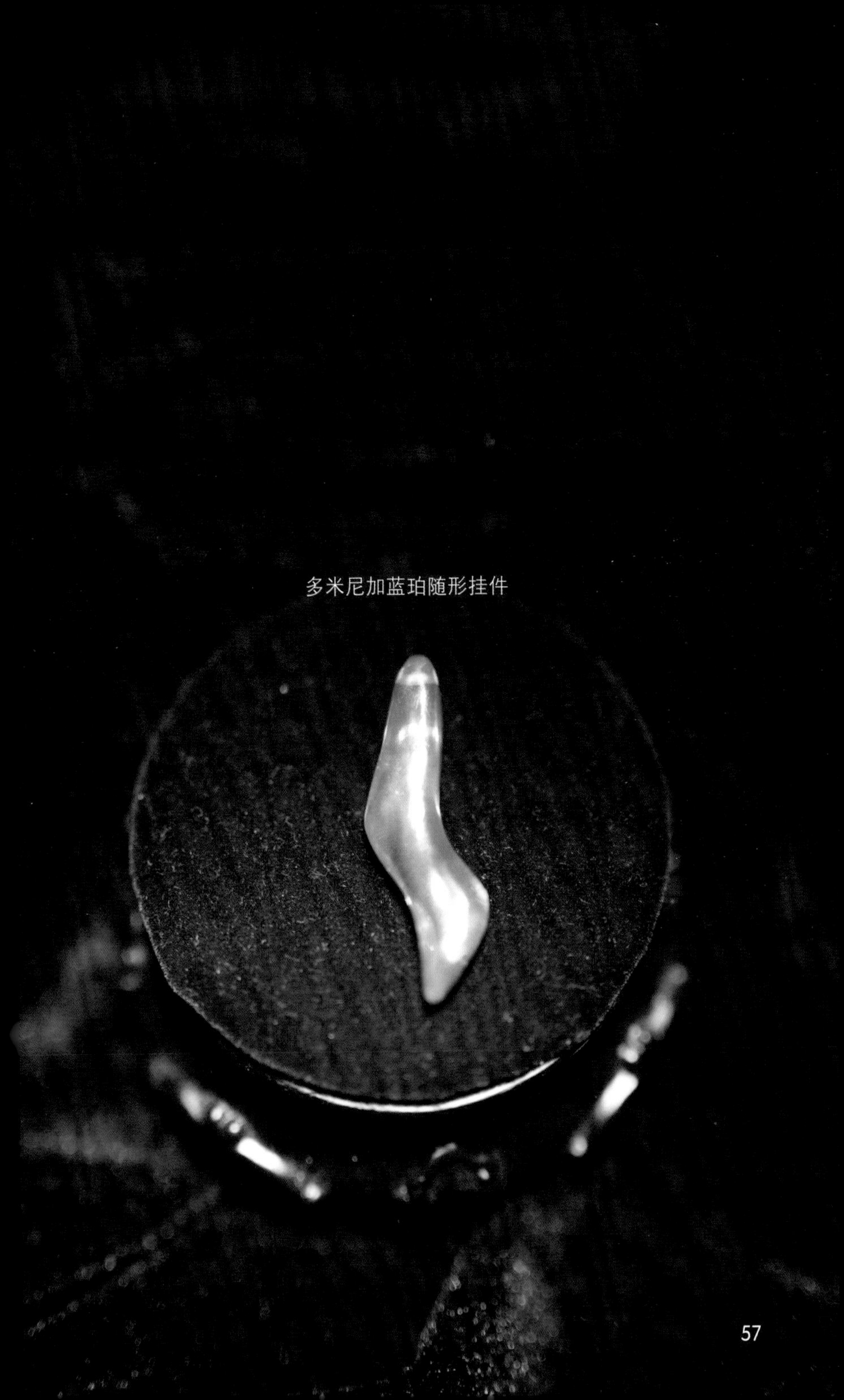

多米尼加蓝珀随形挂件

蓝珀镶嵌首饰

蓝珀以其独特的美感和稀缺性，跻身于高档珠宝行列。蓝珀不管是镶嵌成耳坠、项链挂坠还是戒指，对于女士而言，都具有独特的魅力。

大部分质量上乘的蓝珀采用 18K 金镶嵌，品质较为一般的蓝珀，则采用银镶嵌。由于蓝珀独特的光学特性，一般在镶嵌的时候会在蓝珀的底部做封底处理，也就是把戒面的底部涂成黑色，其成品无论在什么角度和光照下，都会呈现出蓝色，增加其美感。

蓝珀镶嵌的成品主要有戒指、挂坠、耳饰、胸针等。蓝珀戒指最常见的款式为圆珠戒指，一般而言，9 ~ 10 毫米的珠子是做戒指比较合适的尺寸。另外，也有其他形状戒面的戒指，常见的有方形、圆形、椭圆形戒面。用于镶嵌的材质也有所区别，最常用的就是 18K 铂金、

18K铂金镶嵌多米尼加蓝珀圆珠戒指

18K铂金镶嵌多米尼加蓝珀蛋面吊坠

18K铂金镶嵌多米尼加蓝珀随形吊坠

18K 黄金和 18K 玫瑰金，普通品质的蓝珀或者小戒面也有用银镶嵌的。

蓝珀挂坠常见的款式同戒指大同小异，主要有圆珠、方形和随形戒面，在镶嵌方式上，有单个戒面镶嵌，也有多个戒面镶嵌。不同的蓝珀形状和镶嵌方式也使得蓝珀挂坠多样纷呈。最常见的是圆珠经典挂坠，其次就是椭圆形或者方形蓝珀戒面挂坠，以及水滴形、随形的挂坠。

18K铂金镶嵌多米尼加蓝珀葫芦吊坠

18K铂金镶嵌多米尼加蓝珀随形戒指

18K铂金镶嵌多米尼加蓝珀随形耳钉

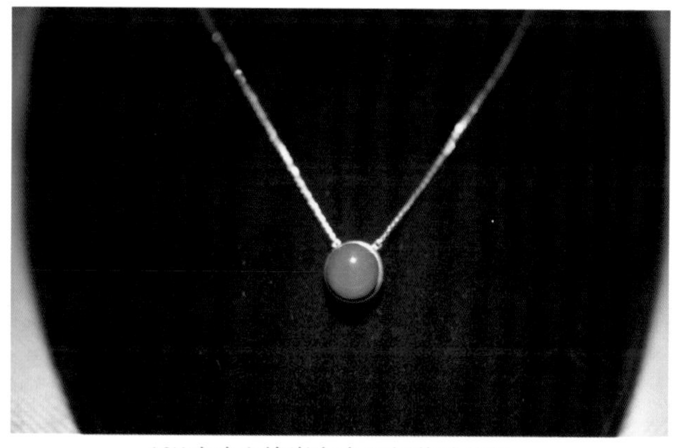

18K玫瑰金镶嵌多米尼加蓝珀吊坠

18K铂金镶嵌多米尼加蓝珀随形挂坠

蓝珀珠串

在蓝珀藏品中，圆珠和珠串也是不错的选择。圆珠是最耗料的成品。原料加工成珠子，成品率在 20% ~ 30%，所以圆珠的价格也是最高的。一般直径在 30 毫米以上的圆珠十分少见，20 毫米的圆珠就具有收藏价值。

珠串一般有手串和 108 子念珠两种。由于多米尼加蓝珀的稀缺性，要想最大化利用原石，所以做珠子的时候，师傅会根据原料而做出最大的珠子。不像其他批量生产的装饰品，蓝珀不是用模具加工出来的，所以每一颗珠子大小都不一样。另外，除非是同一块原石打磨出来的珠子，否则颜色多少都会有些偏差，所以蓝珀在做手串和 108 子念珠的时候，要从大量的珠子中挑选出大小相似、颜色相近的珠子串在一起，非常不易。

多米尼加蓝珀108子念珠

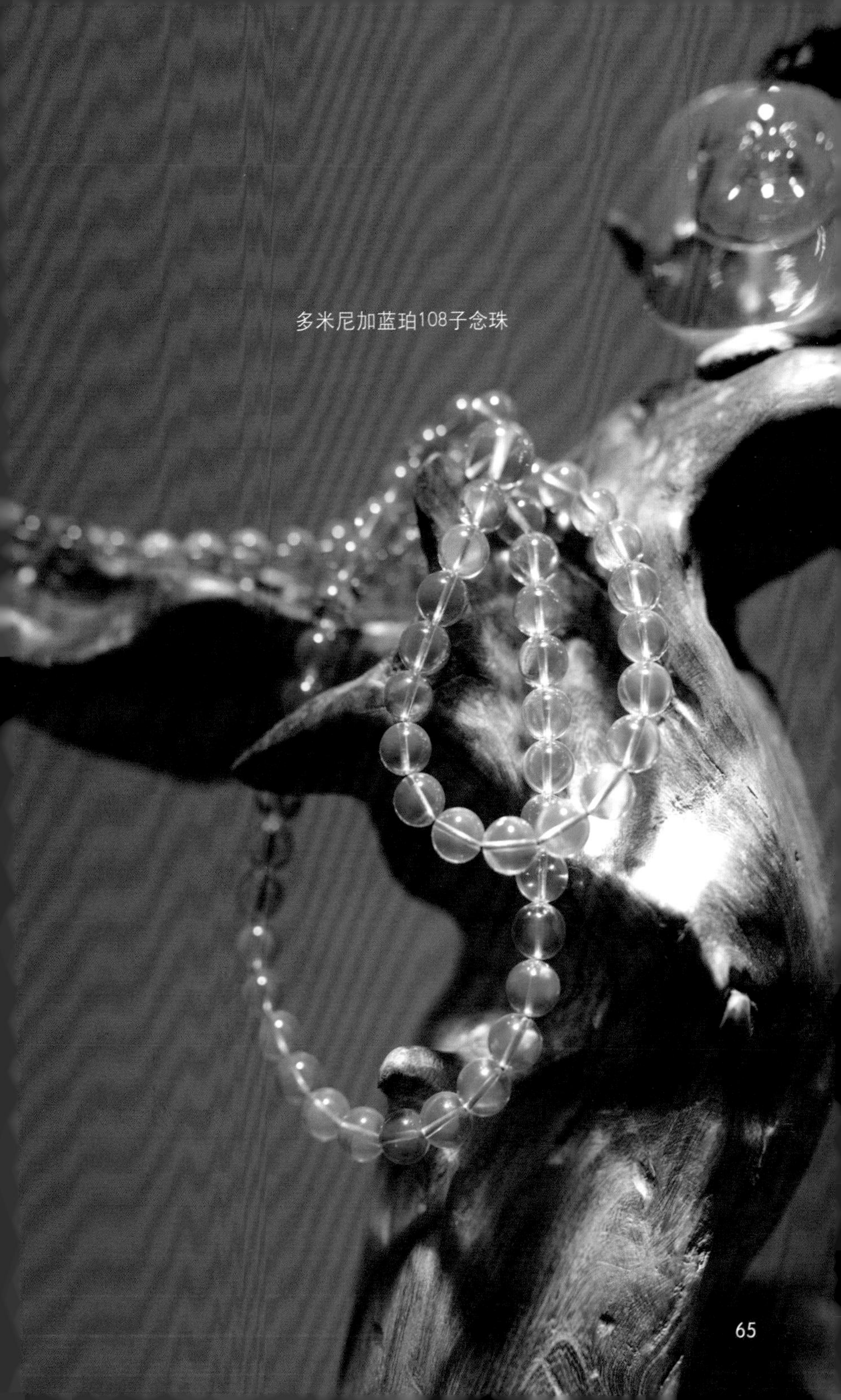

多米尼加蓝珀108子念珠

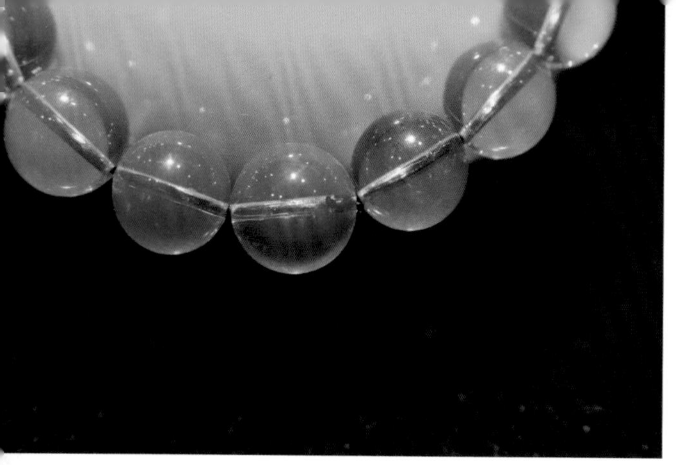
多米尼加蓝珀手串

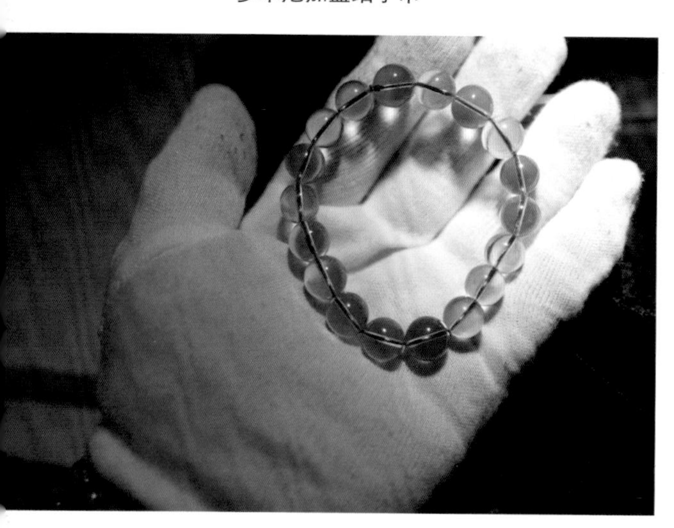
多米尼加蓝珀手串

多米尼加蓝珀手串

多米尼加蓝珀手串

蓝珀的雕刻

中国的玉雕工艺历史悠久，从新石器时代开始，发展到明清时代，工艺水平达到了顶峰。今天的蓝珀雕刻，一方面继承传统技艺，另一方面在材料的选择、造型和工艺上不断追求创新，创作出更多适应当代人们品鉴的蓝珀雕刻作品。

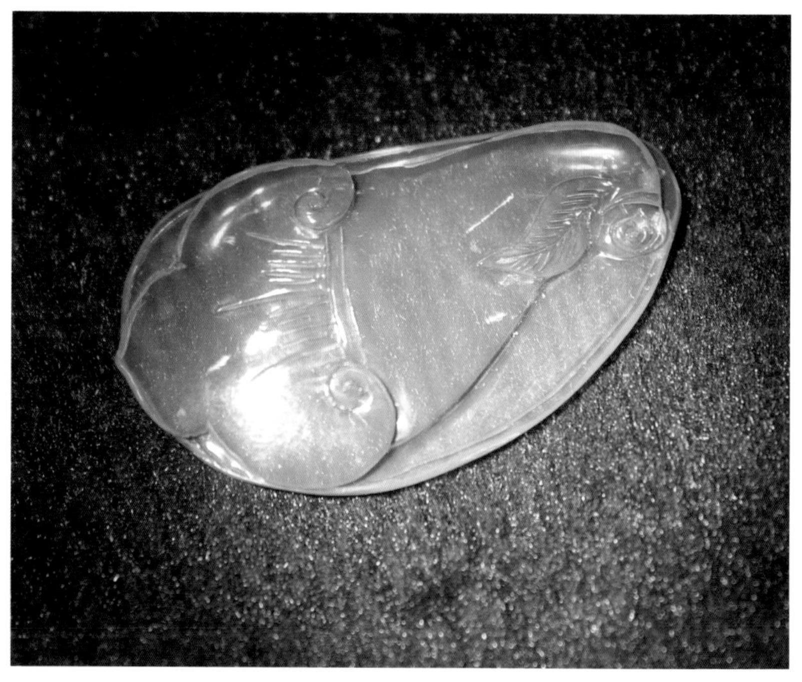

多米尼加蓝珀如意挂坠（浅浮雕）

蓝珀的雕刻技法

琥珀市场的火热，消费者的欣赏水平日益增长，也正是琥珀加工特别是雕刻工艺迅猛发展的契机。蓝珀的雕刻技法同其他玉石类的雕刻技法基本上是大同小异，常见的有：浮雕、阴雕、圆雕、阴刻线等。

浮雕：是雕刻技法的一种，是在一个平面或者弧面上将要塑造的形象雕刻出来，使形象或者图案凸出于原来材料的平面。浮雕又分为浅浮雕、中浮雕和高浮雕。

浅浮雕：雕刻较浅，层次少，形体压缩程度较大，其深度一般不超过 2 毫米，浅浮雕对勾线要求严谨。浅浮雕常用以线和面结合的方法增强画面的立体感。

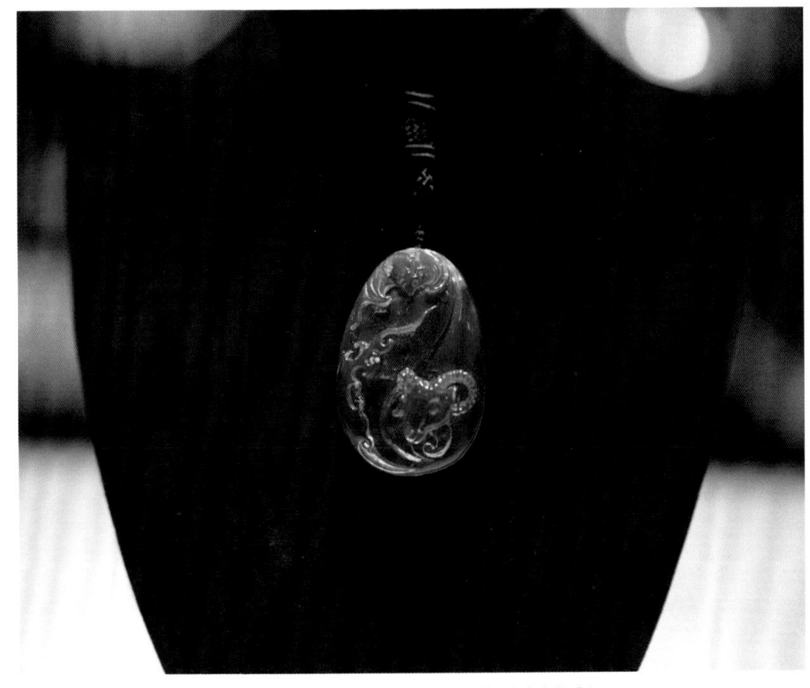

多米尼加蓝珀瑞羊送福吊坠（中浮雕）

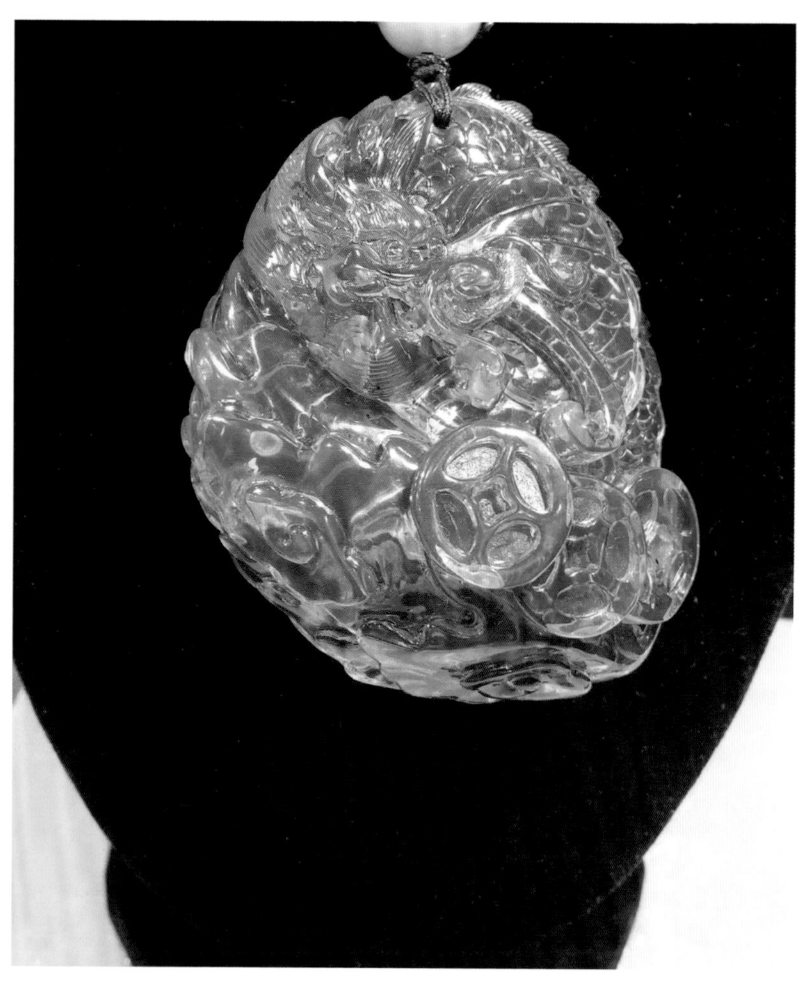

多米尼加蓝珀吊坠（高浮雕）

中浮雕：“地底”比浅浮雕要深些，层次变化也多些，一般地子深度为 2 ～ 5 毫米，也需要根据膛壁的厚度决定其深度。

高浮雕：雕刻较深，层次感强烈，形体压缩程度较小，因此其空间构造和塑造特征更接近于圆雕，甚至部分局部处理完全采用圆雕的处理方式。

多米尼加蓝珀凤凰吊坠（阴雕）

阴雕：雕刻的一种，又称沉雕，与浮雕手法相反。阴雕是将雕刻材质表面刻入形成凹陷，使文字或图案凹于钩边下比材质平面要低的一种雕刻手法，依赖熟练和准确的技法，使线条有起讫和顿挫、深浅的效果。

多米尼加蓝珀孔雀吊坠（阴雕）

多米尼加蓝珀连年有余吊坠（阴雕）

多米尼加蓝珀苍龙教子挂件（圆雕）

圆雕：又称“立体雕”，将需要表现的形象在原料上整体表现，观赏者可以从不同角度看到物体的各个侧面。它要求雕刻者从前、后、左、右、上、中、下进行全方位雕刻。

多米尼加蓝珀心形吊坠（局部镂雕）

镂雕：由于蓝珀的原料太贵，所以很少采用镂雕工艺对蓝珀进行雕刻。但也有个别独具匠心的设计，把镂雕工艺用得恰到好处，既除掉了蓝珀中的杂质，又完美地呈现雕件图案。

墨西哥蓝珀反弹琵琶摆件（镂雕）

阴刻线：是指在原料表面琢磨出下凹的线段，有单阴线或两条并行的双刻阴线。

多米尼加蓝珀龙纹牌子（阴刻线）

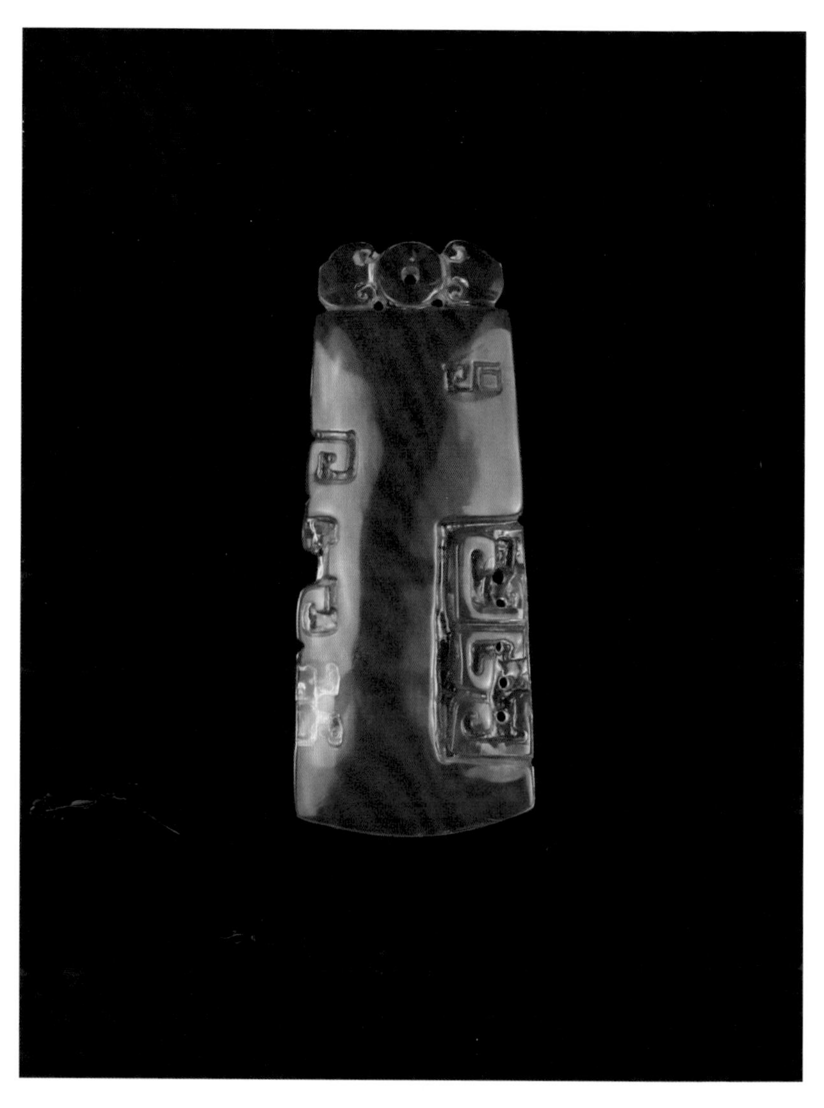

蓝珀的雕刻工序

传统的蓝珀雕刻工艺以花件（花鸟兽等）为主，这些题材大多数对于工艺的要求不是太高，做出一个大概样子的雕刻师傅不在少数。对于普通的蓝珀原料小料，雕刻一般比较随意。而对于品质较上乘的原料，上好的雕工才能把这块原料整体的价值最大化地发挥出来。

不论是雕刻什么题材，其雕刻工序都要经过切石、冲胚、设计、打胚、精修、抛光、钻孔等步骤。

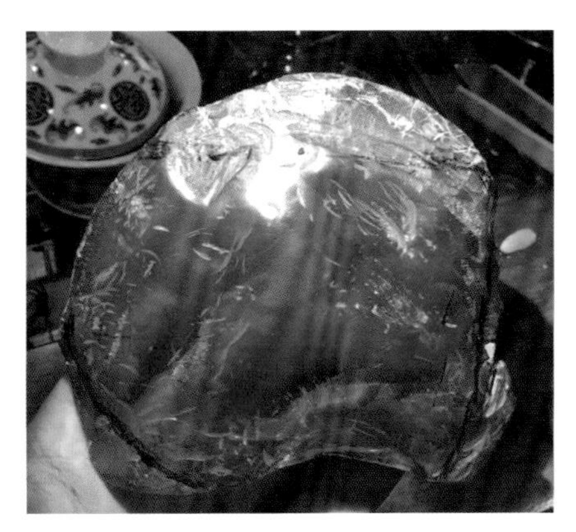

切石与冲胚

1. 切石。雕刻师傅拿到一块料子，对原料大致地了解。把原料表皮切开，一般有两种方式，一种是随着原料的外形将其表皮去除，而后再观察蓝珀珀体进行创作设计；另一种将珀体直接切成雕件的大小。前者是根据原料切开，所以最大化地利用了原料、损耗小，而后者一般为专门定制的雕件或者形状，不得不专门开料，比如手镯、平安牌等，损耗相当大。

2. 冲胚。在原料切开之后，对其表面进行简单的磨顺，进行下一步设计雕刻。

3. 设计。根据冲胚后原料的形状结构，进行创作设计，在此也非常考验雕刻师傅的设计水平。

4. 打胚。将冲胚好的原料按照设计的形状雕刻出来，构思好后会简单在原料上用笔勾勒出图案，然后用工具粗粗地雕刻出来，

5. 精修。在大致的轮廓都雕刻出来后，需要更进一步的精修细雕，让纹路更加的清晰，雕件更加形象。

设计

打胚

精修

抛光

6. 抛光。抛光就是从粗砂纸到细砂纸打磨的一个过程，分为粗抛和精抛。雕件中有些细缝或者凹纹路需要用牙签或者小细棍结合砂纸打磨，直到最后光滑明亮。

7. 钻孔。需要做成挂坠的蓝珀，还需要最后一个钻孔的步骤，一件作品才算最终完成。

蓝珀由于其独特变色效果，如果雕刻过于复杂，其整体的蓝色荧光会减弱，所以在雕刻上，未必越复杂越好。只有合适的设计和雕刻，才能将蓝珀的特点更完美地呈现出来。

成品展示

蓝珀雕刻步骤实例欣赏

多米尼加蓝珀关公像挂件

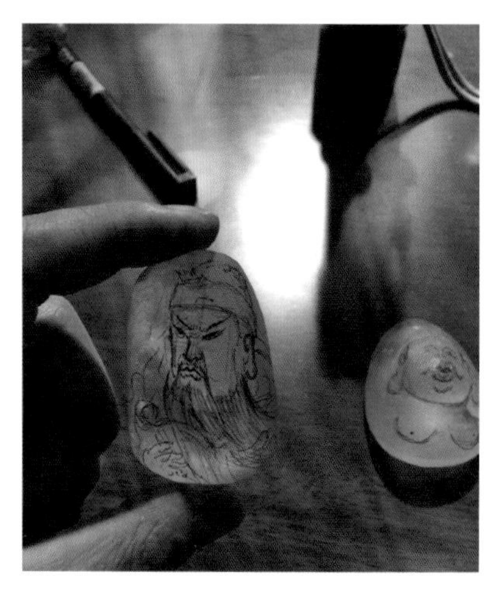

1. 雕刻师根据蓝珀的形状和质地来设计雕刻图案，并在蓝珀材料上画出初稿。

2. 雕刻师根据画稿，初步雕刻出图案形状，即打胚。

3. 雕件经过精修之后，再进行打磨抛光挂件。

4. 一件完美的蓝珀关公像挂件呈现在眼前。

多米尼加蓝珀观音挂件

1. 将蓝珀原石的表皮去掉后进行磨顺。

2. 根据设计好的图案，开始进行粗雕，也就是打胚。

3. 进一步精修细雕，使整个雕件更加活灵活现。

4. 一件经过打磨抛光后的观音雕件完美呈现。

多米尼加红皮蓝珀观音挂件

1. 雕刻师将红皮蓝珀原石的表皮去掉，并进行磨顺。

2. 根据设计好的图案，进行粗雕打胚，并进一步精修细雕。

3. 经过打磨抛光后，一件观音雕件完美呈现。

蓝珀的雕刻题材

蓝珀的雕刻题材大多也是沿袭古代玉雕的纹饰图案，但因其材料的限制，远远没有玉雕题材那么丰富。目前在市场上常见的蓝珀雕刻题材，可以分为两类：一类为图案本身具有吉祥的寓意，例如龙凤、佛像、观音、如意、平安扣等；另一类是图案带有谐音式的寓意，如“鱼”与“余”同音，常寓意连年有余，蝙蝠的“蝠”与“福”同音，代表吉祥如意等。

多米尼加蓝珀福在眼前挂件

龙凤：是雕刻蓝珀的常见题材，图案为龙凤和祥云。龙凤都是瑞兽，自古都象征着吉祥、富贵、太平。祥云表示好的预兆。以龙凤为题材的图案常有：龙凤呈祥、双龙戏珠等。

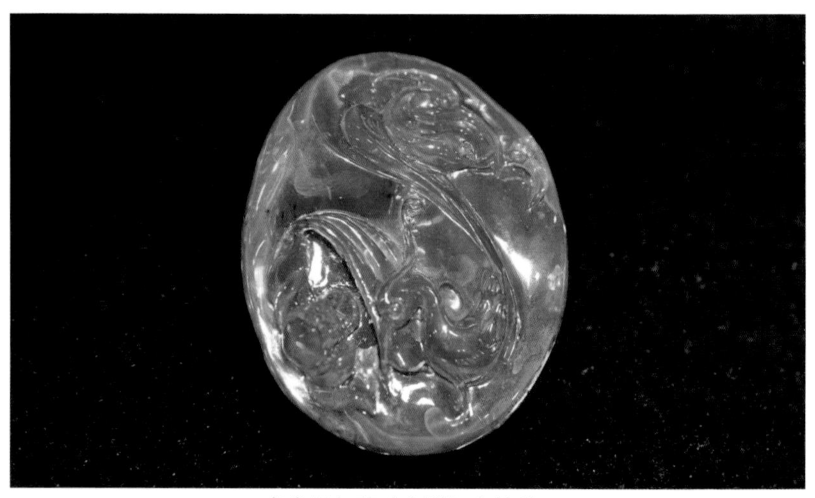

多米尼加蓝珀吉祥如意挂件

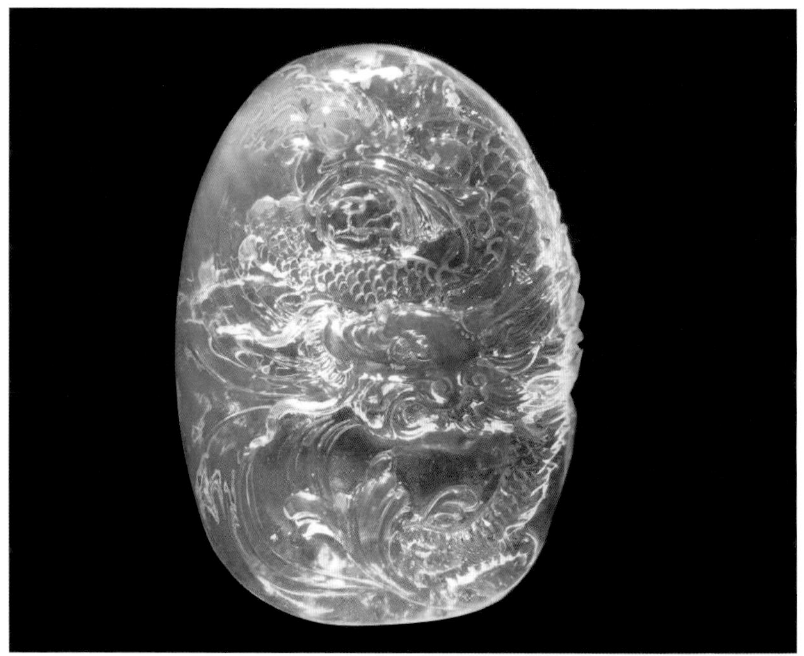

多米尼加蓝珀龙牌挂件

多米尼加蓝珀祛邪致福龙牌挂件

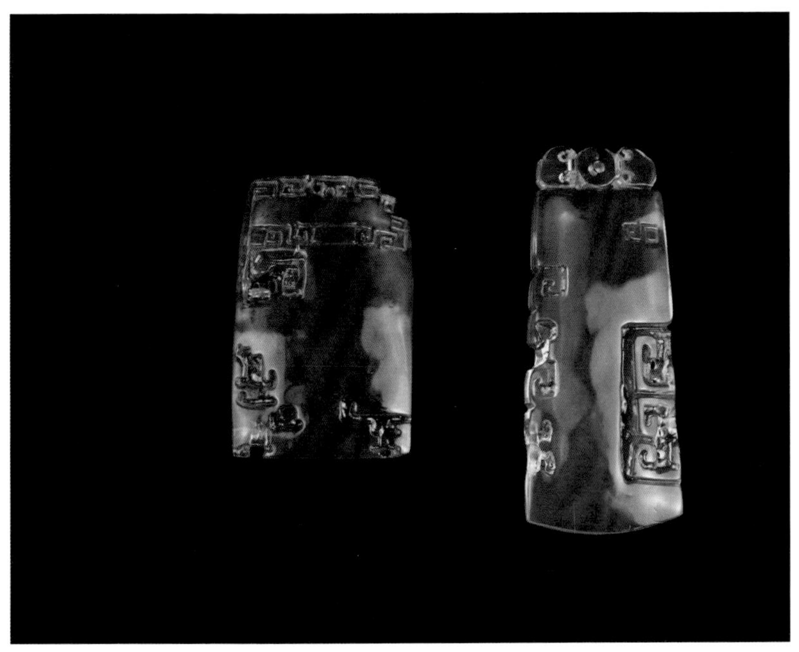

多米尼加蓝珀平安对牌

貔貅：传说是龙王的第九子，能吞万物而不泄，可以纳财。

金蟾：三脚蟾蜍，因其有吐钱的本事，成为深受人们欢迎的招财灵兽。金蟾的摆放也是有讲究的，一般嘴里含钱的金蟾在摆放时嘴冲屋内，不含钱的金蟾在摆放时嘴冲屋外。

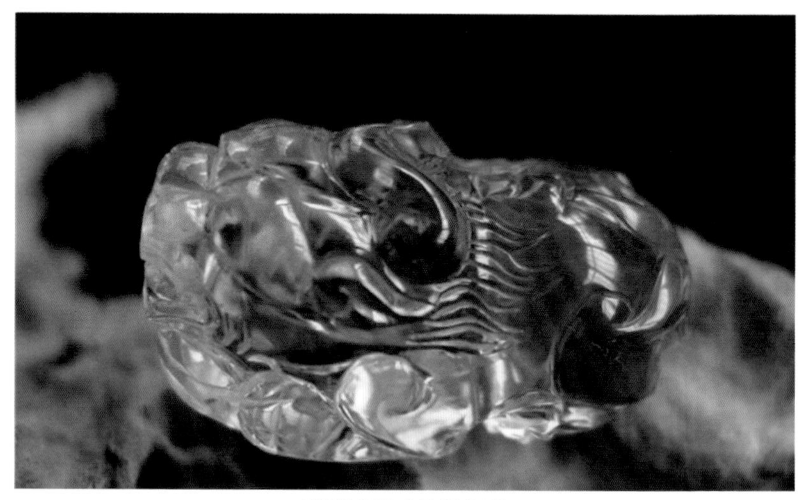

墨西哥蓝珀貔貅把件

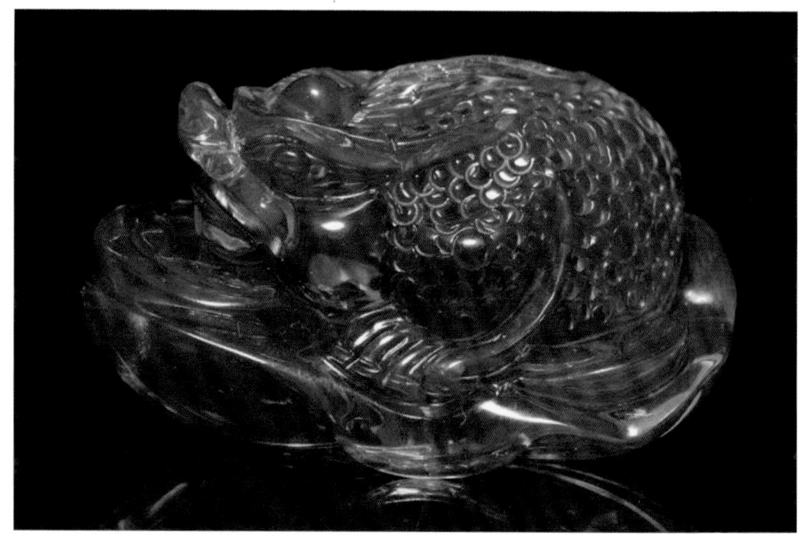

缅甸蓝铂金蟾把件

释迦牟尼：原名悉达多·乔达摩，古印度释迦族人，生于古印度迦毗罗卫国（今尼泊尔南部）。佛教创始人。成佛后被称为释迦牟尼，又尊称为佛陀，意思是大彻大悟的人。民间信仰佛教的人也常称呼佛祖、如来佛祖。

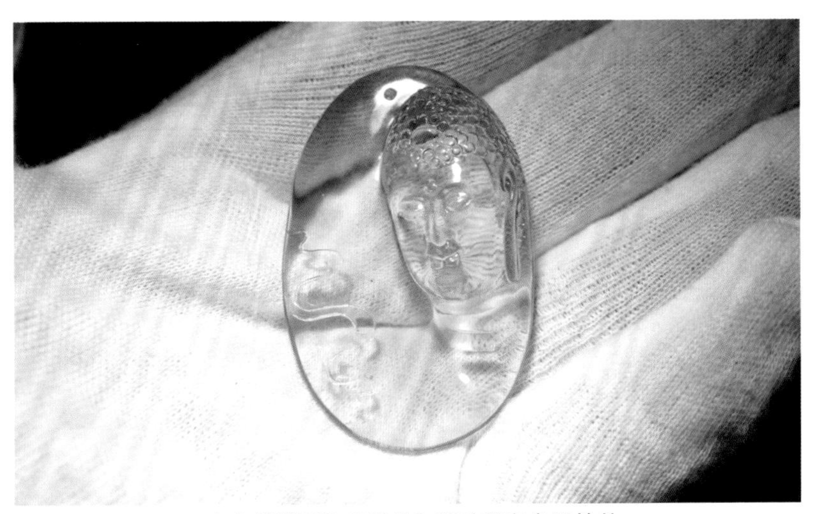

在白背景下的多米尼加蓝珀释迦牟尼挂件

在黑背景下的多米尼加蓝珀释迦牟尼挂件

弥勒佛：在很多的寺庙里，我们都会看到一位大肚子佛，笑容满面，单手提布袋或元宝，或者提珠席地而坐的胖菩萨，他就是中国历代备受敬仰和信奉的弥勒佛。在佛教徒心里弥勒佛的地位是非常高的。弥勒佛以超世间的忍辱大行于世，所谓："大肚能容容天下难容之事；开口便笑笑世间可笑之人。"这是怎样的一种坦荡、宽广和超然的生活态度！

多米尼加蓝珀弥勒佛挂件

多米尼加蓝珀弥勒佛挂件

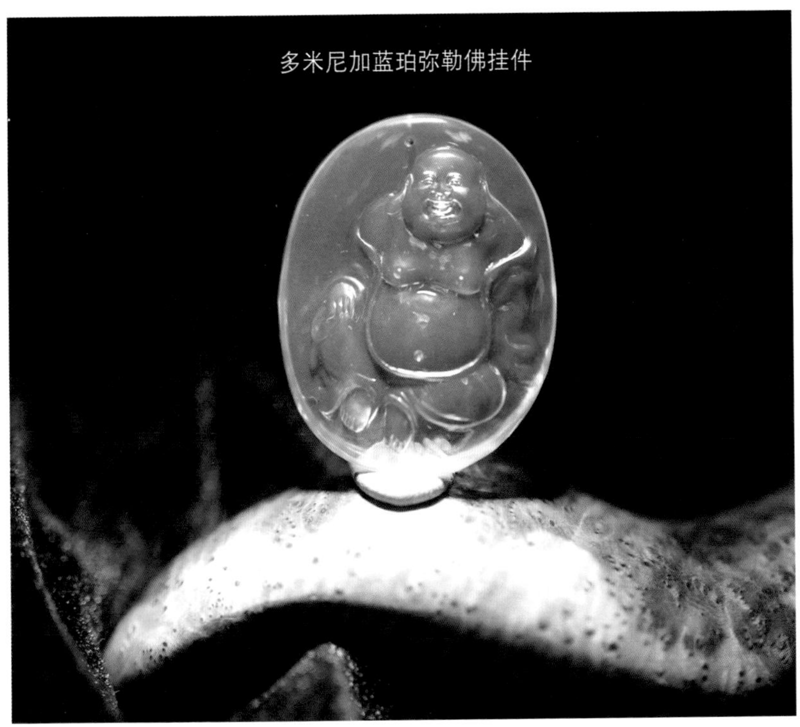
多米尼加蓝珀弥勒佛挂件

观音：观音菩萨在中国家喻户晓，妇孺皆知。“家家有弥陀，户户有观音”，这句古今流传的俗语，足见中国民众崇敬供奉观世音菩萨的盛况，以及观世音菩萨在中国民间的深远影响。观音心性柔和、仪态端庄、世事洞明、永保平安，能使众生逢凶化吉、遇难呈祥和送子送福。

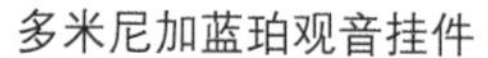
多米尼加蓝珀观音挂件

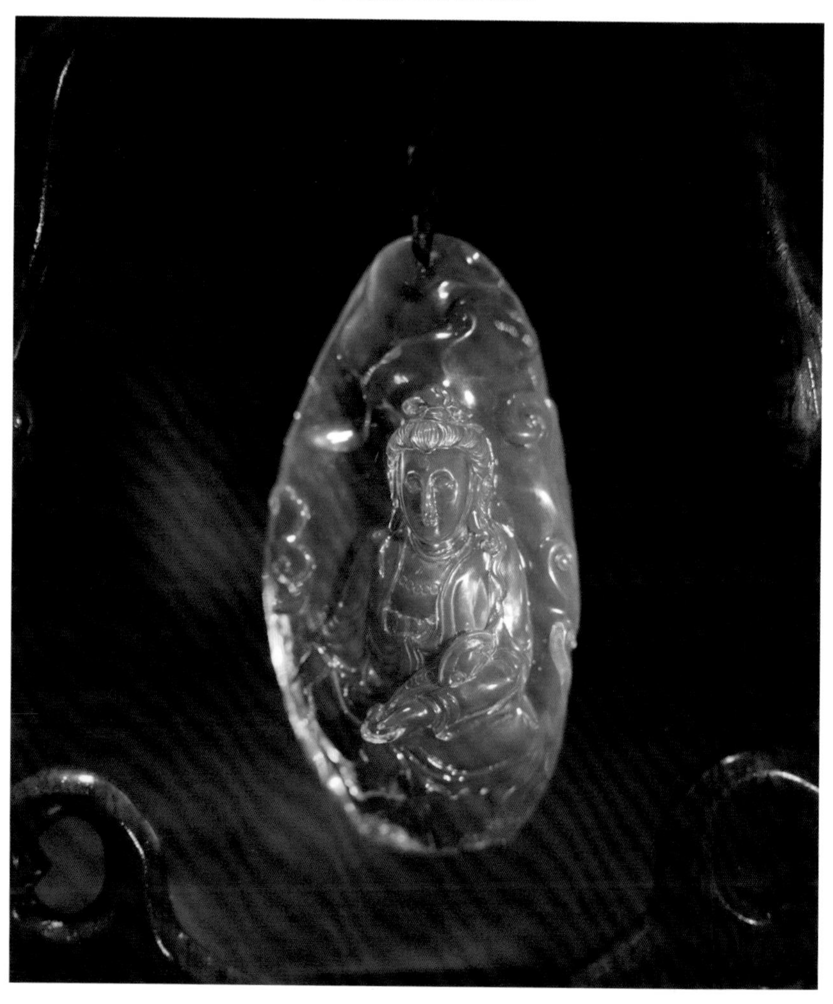

财神：财神是主管财源的神明，这是传统玉雕中喜闻乐见的题材。财神主要分为两大类：一是道教赐封，二是汉族民间信仰。道教赐封为天官上神，汉族民间信仰为天官天仙。很多人都喜欢在家里摆放财神，尤其是生意人，祈求财神能保佑自己财运亨通、财源滚滚。

多米尼加蓝珀黄财神摆件

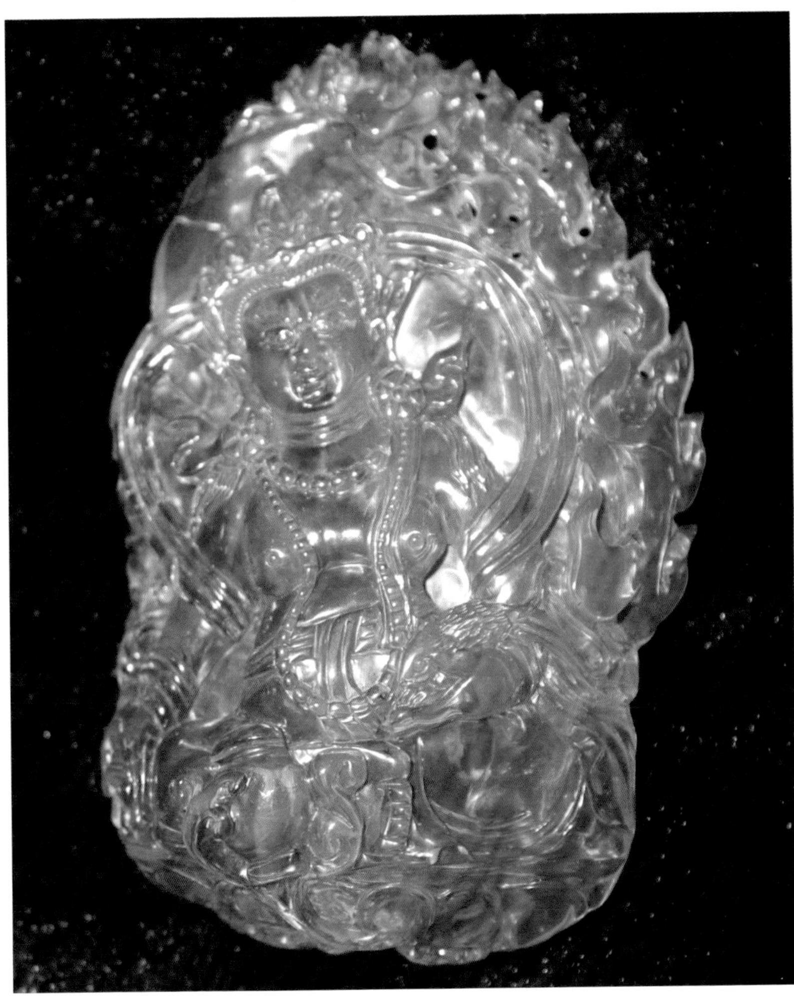

如意：其造型是由云纹、灵芝做头部，衔结一长柄而成的器物。最初的“如意”是由古代的搔杖演变而来，当时人们用它来搔手顾不到的痒处，可如人之意，故名“如意”。如意纹就是指如意形做成的纹样，如心形如意纹、灵芝如意纹、祥云如意纹，借喻“称心”、“如意”。如意纹与“瓶”、“戟”、“磬”、“牡丹”等纹饰谐音组成“平安如意”、“吉庆如意”、“富贵如意”等吉祥图案。

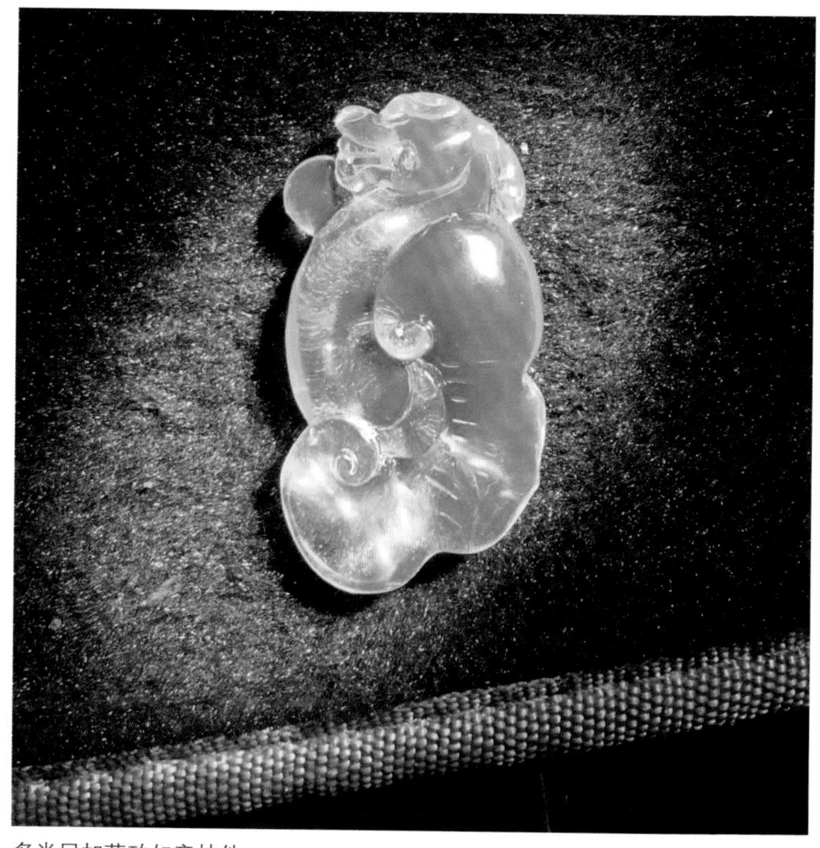

多米尼加蓝珀如意挂件

此挂件底子纯净，蓝度高，整体雕刻灵芝如意纹，寓意“称心如意”。

莲花：莲花是圣洁正直的代名词，在我国被称为“君子之花”。莲花与鲤鱼或者金鱼搭配，寓意“连年有余”。孩童手拿莲花，寓意“连生贵子”。童子坐在荷叶上，一手抱笙，一手拿莲子，寓意“多子多福”。鹭鸶与莲花的组合，寓意“一路连科”。此外，单独一朵莲花则寓意“一品清廉”。一对莲蓬，寓意“并蒂同心”，代表着对美好的婚姻的祝愿。

多米尼加蓝珀平步青云挂件

此挂件底子纯净无瑕，颜色好，整体雕刻一蜻蜓立于莲花之上，一静一动之间流露出生命的气息。蜻蜓嬉戏时而轻轻落于荷叶上，却又忽地直冲向天空，表示佩戴者如蜻蜓般一飞冲天，飞黄腾达。

牡丹：牡丹是花中之魁，象征富贵。凤凰和牡丹组合，寓意祥瑞、富贵。山石、桃花和牡丹组合，寓意“长命富贵”。

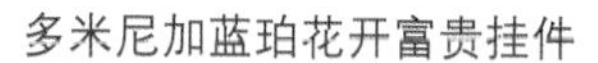
多米尼加蓝珀花开富贵挂件

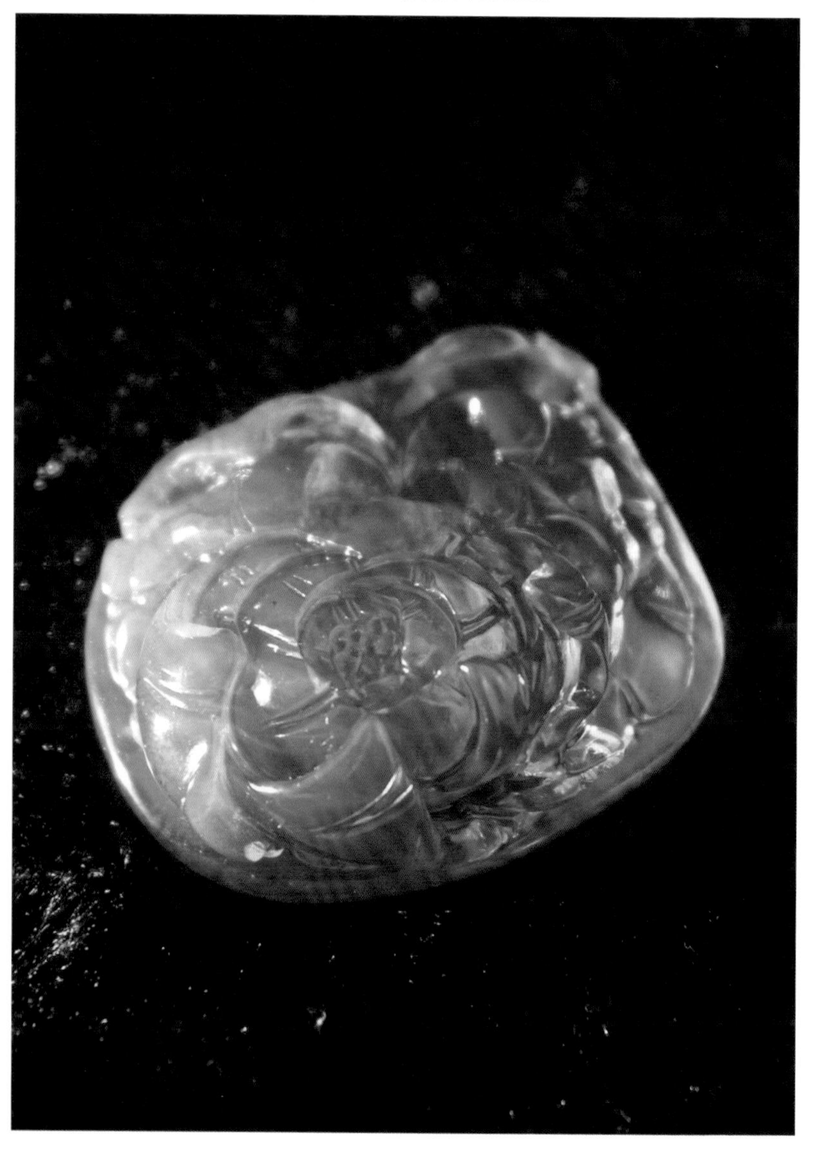

竹节：竹子，一直是中国人喜爱的植物，深受文人雅士的喜爱，被誉为“岁寒三友”之一，先贤常以竹节来比喻美好的品德。竹节在中国的传统玉雕文化中，具有丰富的寓意，比如寓意从商者长青不败、财源滚滚、生意兴隆；为官者刚正不阿、步步高升；若佩戴者为学子，则是祝福其学习成绩节节高升，希望其如竹子般虚心学习。佩戴竹节也是一种君子风范，犹如竹子一样具有正直而坚韧的品性。

多米尼加蓝珀竹节挂件

平安扣：呈圆饼形状，中间有一小孔穿绳，寓意平平安安。

多米尼加蓝珀平安扣挂件（略有杂质）

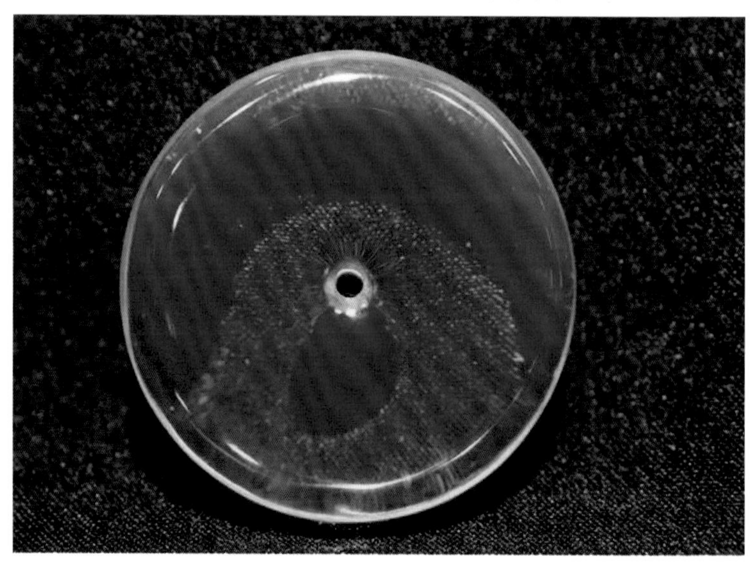

多米尼加蓝珀平安扣挂件（纯净无瑕）

鲤鱼：“鱼”与“余”谐音，鲤鱼和荷叶、莲藕组成的图案，寓意“连年有余”。

多米尼加蓝珀连年有余挂件

蝙蝠：蝙蝠与“遍福”谐音，代表“福气、福运”。蝙蝠和古钱组成图案，“钱”与“前”同音，寓意“福在眼前”。五只蝙蝠围住寿桃或者“寿”字，寓意“五福捧寿”。五只蝙蝠，寓意“五福临门”。一童子抓蝙蝠，寓意“纳福迎祥”。两个寿桃、一只蝙蝠衔住两枚古钱，寓意“福寿双全”。一只蝙蝠从天而降，寓意“福从天降”。一只鹭与几只蝙蝠组合，寓意“一路福星”。蝙蝠与日出或者海浪组合，寓意“福如东海”。

多米尼加蓝珀福在眼前挂件

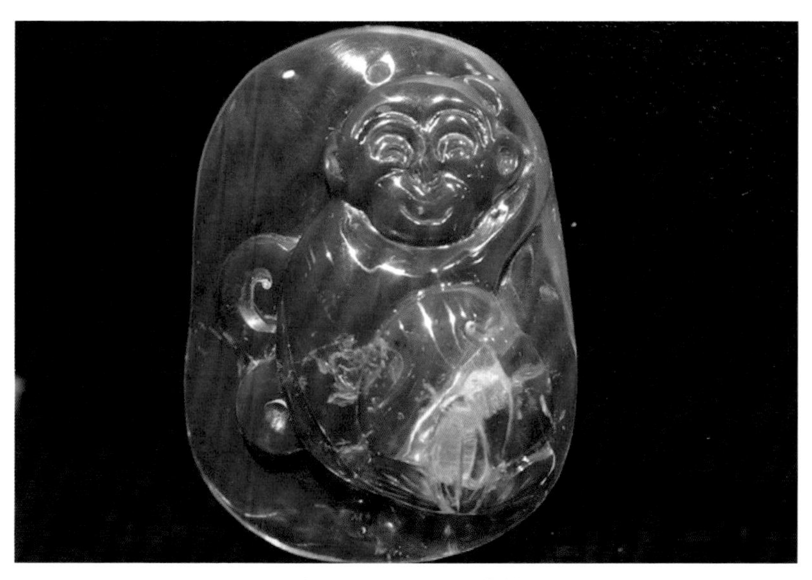

多米尼加蓝珀灵猴献寿挂件

猴：猴是一种聪明灵活的动物，深受人们喜爱。猴与寿桃组合，表示灵猴献寿。一猴坐马背上，表示马上封侯。一大猴与一小猴在一起，寓意“代代封侯”。

多米尼加蓝珀代代封侯挂件

葫芦：图案为一葫芦，因葫芦谐音“福禄”，代表福寿禄的意思。葫芦、花叶、蔓枝一起组合，由于葫芦内多籽，“蔓”与“万”谐音，寓意“子孙万代”。

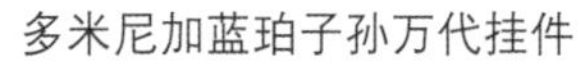
多米尼加蓝珀子孙万代挂件

白菜：图案为一摆放的白菜，白菜谐音“百财”，寓意多多发财。

树叶：代表着勃勃生机，意喻生命之树长青。姑娘佩戴树叶，永远青春美丽；老人佩戴树叶，精神饱满，更有活力。树叶与“事业”谐音，寓意“大业有成”。

以上列举的题材和寓意都是市场上比较常见的。此外，蓝珀的雕刻题材还有很多，这里不再一一列举。藏友们可以从中了解一二，在以后的选购过程中作为参考。

多米尼加蓝珀大业有成挂件

鉴定技巧

蓝珀是如此的变幻莫测，那么，如何辨别真假？如何鉴定不同产地的蓝珀？什么样的蓝珀才算是真正的高品质……？本章将一一为您揭晓。

蓝珀的基础鉴定方法

如今，蓝珀日益成为人们所喜爱的饰品，但随着市场的升温，蓝珀也出现了许多仿品。所以，打算收藏蓝珀的朋友一定要提高警惕。为了防止大家买到仿冒蓝珀，现在为大家介绍几个常用的基础鉴定方法。

盐水测试法：此种方法主要是用于区分普通塑料和琥珀。天然蓝珀质地很轻，当把其放入水中时，会沉入水底，但再将溶解的浓盐水加入其中，当盐的浓度大于 1：4 时真蓝珀就会慢慢浮起，而塑料则沉于饱和的盐水中。

塑料沉于饱和的盐水中

眼观气泡法：一般来说，形状规则的蓝珀原石都不是真品。蓝珀的自然形状大多呈现块状、饼状、肾状、瘤状、拉长的水滴状和其他不规则形状。真正的蓝珀给人一种轻柔、温暖的感觉，散发着柔和的光泽。蓝珀在形成过程中必须要经历一些使它不完美的过程，用放大镜观察往往会看到里面带有一些气泡、残片或者裂纹。

强光下的多米尼加蓝珀原石

蓝珀浮于饱和的盐水中

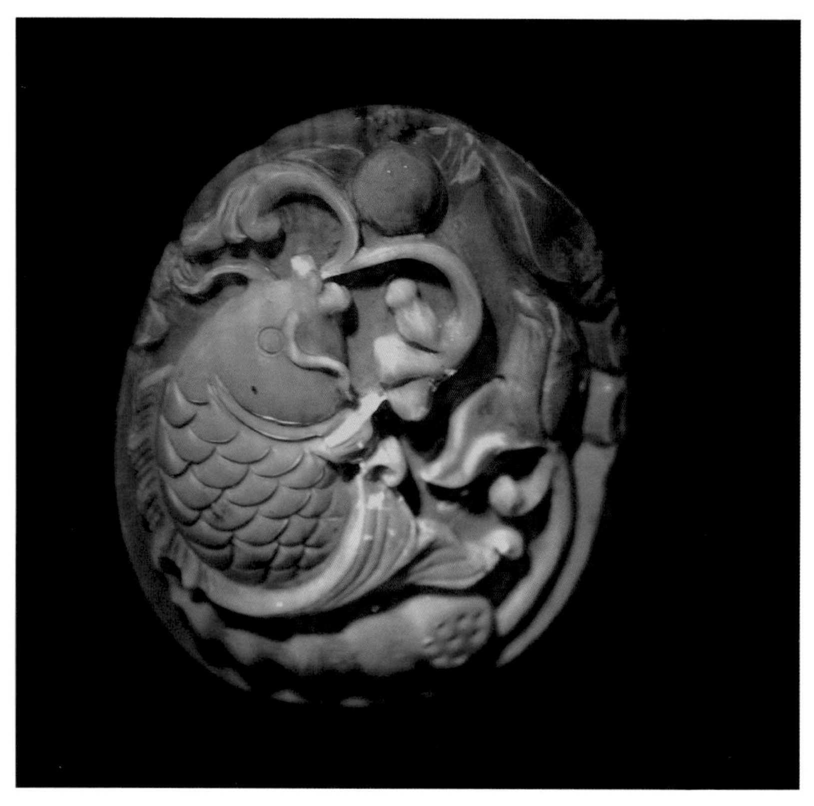

多米尼加蓝珀紫光图

紫外线照射法：这是最简单的办法，就是将蓝珀放到验钞机下，其上会有荧光出现。天然蓝珀有着极强的蓝色荧光，在紫光灯照射下，这种蓝色荧光会覆盖所有部位。而造假的蓝珀没有蓝色荧光或荧光反应很微弱。

手感：蓝珀属于中性宝石，因此，夏天戴着蓝珀手串不会很热，冬天戴又不会太凉，一般情况下都是温和的。用玻璃或是玉髓仿制的所谓蓝珀则会给人一种冰冷的感觉。

听音：真的蓝珀放在手中轻轻揉动的时候，会发出一种很柔和略带沉闷的声音，如果是塑料或树脂声音会比较清脆。

塑料紫光图

闻味：真正的蓝珀在摩擦时会有几乎闻不到的松香味道，或干脆就闻不出。摩擦会产生香味的琥珀叫“香珀”。所以，如果发出很浓烈的香味手串，蓝珀材料肯定是假的。

溶剂测试法：乙醚和酒精是区分蓝珀与柯巴树脂非常敏感而又便宜、方便的试剂，用乙醚和酒精分别擦洗蓝珀，发黏的是树脂，蓝珀则没有反应；而乙醚是区分其他树脂和蓝珀的最佳工具，但对柯巴树脂则没有多大效果。

以上几种方法都是比较基础的琥珀的鉴定方法，对于大部分普通琥珀鉴定都是通用。而蓝珀由于其独特的光学反应，更多是用“蓝精灵”、“中东蜜蜡”和塑料等来冒充蓝珀。

所以鉴定蓝珀最简单的办法即是运用其变色特性，在白底上，蓝珀呈现透明状，而在黑底白光下，呈现蓝色。而对于造假的蓝珀而言，没有变色的效果，任何背景下都会呈现蓝色。

蓝珀的产地鉴别

由于蓝珀产地不同，其价值相差巨大，三个产地的蓝珀中，多米尼加蓝珀价值最高。所以，起初有不少商家用墨西哥蓝珀和缅甸蓝珀，来冒充多米尼加蓝珀来高价出售。

这三者的区别主要体现在颜色上。多米尼加蓝珀的蓝色更加的纯正，墨西哥蓝珀大部分带绿色调，大部分缅甸蓝珀偏暗蓝色。多米尼加蓝珀和墨西哥蓝珀体色都有深浅之分，而缅甸蓝珀品质较好的珀体通透，普通品质的缅甸蓝珀内部类似雾状，所以视觉上给人灰蒙蒙的感觉。

另外，用标准 365nm 紫光灯照射，多米尼加蓝珀的颜色偏蓝白色，墨西哥蓝珀的颜色为深蓝，而缅甸蓝珀的颜色大部分则是紫色。

18K铂金镶嵌多米尼加蓝珀福豆吊坠

多米尼加蓝珀与墨西哥蓝珀的区别

多米尼加蓝珀由于其独特深邃的蓝色和稀缺性，逐渐开始风靡市场。又由于其产量少，使得多米尼加蓝珀价格不断上涨。墨西哥蓝珀由于其低廉的价格，以及具有和多米尼加蓝珀类似的变色效应，也开始流行于市场。

多米尼加蓝珀（里）、墨西哥蓝珀（中）和缅甸蓝珀（外）在紫光灯下的区别

白光灯下的多米尼加蓝珀圆珠

多米尼加蓝珀和墨西哥蓝珀，这两者从整体上来说，各有优势。多米尼加蓝珀在蓝度上优于墨西哥蓝珀，多米尼加蓝珀的蓝色更加深邃、亮丽；而墨西哥蓝珀更多的是偏绿色调，所以国内也称为蓝绿珀。墨西哥也有天空蓝的蓝珀，但是产量非常稀少，而且其蓝度也不及多米尼加蓝珀。在透明度上，墨西哥蓝珀整体上则更胜一筹。多米尼加蓝珀一般原石含杂质较多，干净的大块蓝珀更是稀少，而墨西哥大原料干净的料子较多。

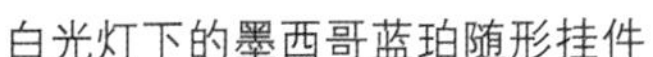
白光灯下的墨西哥蓝珀随形挂件

紫光灯下的墨西哥蓝珀

多米尼加和墨西哥是世界上著名的蓝珀产地。所以人们经常将这两个地方的蓝珀进行比较，由于大部分消费者对于多米尼加蓝珀了解并不多，在墨西哥蓝珀进入中国的时候，许多商家用墨西哥蓝珀假冒多米尼加蓝珀来出售，这两者在鉴定中心鉴定的结果都为蓝珀。虽然两者都被称为蓝珀，但多米尼加蓝珀和墨西哥蓝珀有很多方面存在差异。

第一是颜色。两者都是蓝珀，但是它们在蓝度上差别还是非常大的，原石打磨后，多米尼加蓝珀的颜色偏向蓝色调，红皮蓝珀发红，有些

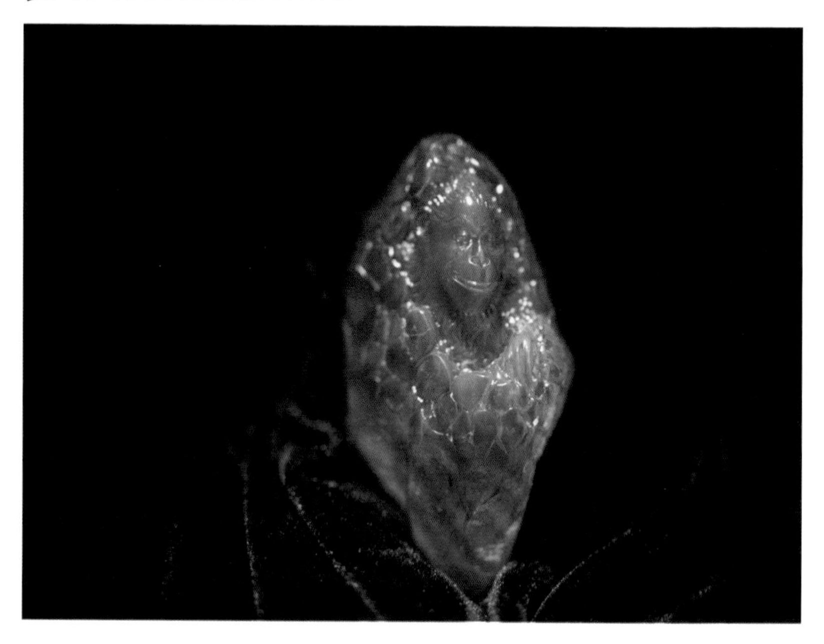

多米尼加红皮蓝珀猴子把件

个别料子发紫；而墨西哥蓝珀大部分呈绿色调，所以也叫蓝绿珀。墨西哥也有少量天空蓝的料子，但是蓝度也不及多米尼加蓝珀深。多米尼加蓝珀的色感更加强烈，非常显眼，而墨西哥蓝珀色感相对比较柔和。

第二是净水度。多米尼加蓝珀大部分的原石杂质比较多，净水原料很少；墨西哥蓝珀相对于多米尼加蓝珀来说，杂质普遍偏少，内部干净的蓝珀原料更多。所以多米尼加蓝珀大件蓝珀净水的料子价格奇高，而墨西哥蓝珀价格就更加亲民。

第三是矿皮。多米尼加是火山岛，所以其原石多带火山灰，表面常见龟裂纹，当然，也不是所有的多米尼加蓝珀原石都是如此面貌，也有少量原石比较干净；而墨西哥蓝珀的原料表皮往往比较薄。

多米尼加蓝珀与缅甸蓝珀的区别

多米尼加蓝珀是蓝珀中的翘楚，缅甸琥珀中由于也有类似多米尼加蓝珀的蓝色荧光反应，所以也被称为缅甸蓝珀。起初，缅甸蓝珀假冒多米尼加蓝珀高价在售，而后随着知识的普及，这两者也区分开来，缅甸蓝珀开始流行。虽然缅甸蓝珀和多米尼加蓝珀有着类似的变色效应，但两者价格相差数十倍，所以区分这两个产地的蓝珀也尤为重要。此两者有以下几个方面的区别。

第一，颜色。多米尼加蓝珀有着独特的天空蓝，在深色背景上有强烈的荧光反应，色泽明亮，而缅甸蓝珀的颜色较为暗淡，多为暗蓝色。另外在白色背景上，多米尼加蓝珀珀体底色较缅甸蓝珀颜色淡，缅甸珀体底色较为深。

第二，形成年份。多米尼加蓝珀形成年份大概在三千万年前，缅甸蓝珀形成年份在一亿年以上，被称为世界上最古老的琥珀。

紫光灯下的缅甸蓝珀水滴形吊坠

第三，硬度。多米尼加蓝珀的硬度和普通琥珀的硬度近似，摩氏硬度约为 2.0 ~ 2.5，缅甸琥珀是世界上硬度最高的琥珀，摩氏硬度为 2.5 ~ 3.0。

第四，荧光图。多米尼加蓝珀荧光反应为蓝白色，蓝中透着白色光，荧光蓝且亮。而缅甸蓝珀的荧光反应更多呈现为蓝紫色。

紫光灯下的缅甸蓝珀戒面

白光灯下的缅甸蓝珀释迦牟尼佛挂件

蓝珀的等级评价

对多米尼加蓝珀的等级平定，目前没有一个标准，国内主要是沿用国外的 3A 标准。目前，国外最常用的蓝珀标准为 3A（即 AAA）来定义蓝珀的蓝度和净度。蓝珀的等级，最早这个标准是一个零售商提出来的，而后大家慢慢沿用了这个标准。

AAA：简称 3A。自然光下显浅蓝色，几乎无杂质，珀质透明无瑕。3A 是蓝珀中的最高等级，珀体内部干净无杂质，颜色呈蜜黄色，在白光黑底下呈现天空蓝的颜色，并且随着光线强弱和角度变化而变化，在紫光灯下呈现强烈的荧光反应。3A 级别的蓝珀是品质最好的，所以价格也相对较高。

1A

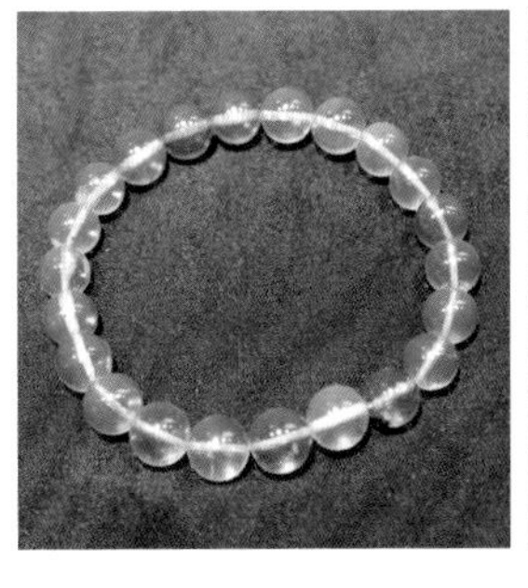
2A

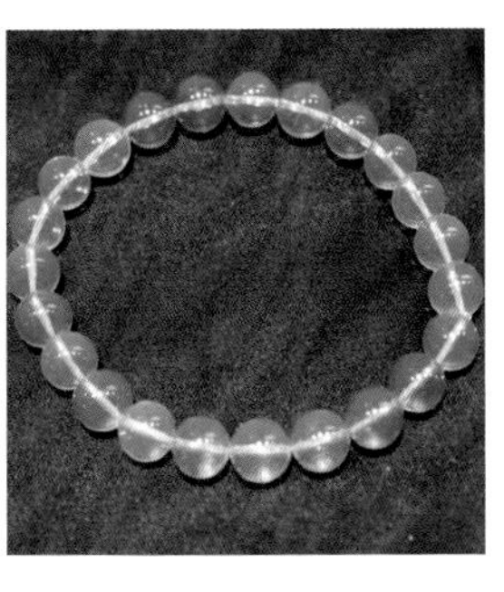
3A

AAB：简称 2A。自然光下显浅蓝色并含少许杂质，珀质透明。2A 级别的蓝珀，品质略差，尤其是对于多米尼加蓝珀来说，干净的大料较少，一般以 2A 和 1A 的料子居多。

ABB：自然光下显蓝色并有一些杂质，珀质透明。

BBB：自然光下显蓝色并含很多杂质，不透明至半透明。这个级别的蓝珀，杂质很多，所以本身就呈现出蓝色。

目前国内也有很多其他的分类方法，例如有的以颜色分类，分为天空蓝、深蓝色、蓝色、蓝绿色等。另外，国内还有 5A 级蓝珀的分级法。蓝珀无论如何分等级，其品质的优劣离不开蓝度和净度两个因素。

1A、2A、3A多米尼加蓝珀等级对比图

一张表看懂蓝珀的等级价格评估

等级	颜色	杂质	透明度	参考图例
AAA（3A）	自然光下呈浅蓝色	几乎无杂质	透明	AAA级蓝珀圆珠，市场参考价：8000～10000元/克（圆珠直径10mm）
AAB（2A）	自然光下呈浅蓝色	含有少许杂质	透明	AAB级蓝珀圆珠，市场参考价：4000～5000元/克（圆珠直径10mm）
ABB（1A）	自然光下呈蓝色	有一些杂质	微透明	ABB级蓝珀圆珠，市场参考价：1500～2000元/克（圆珠直径10mm）
BBB	自然光下呈蓝色	含有很多杂质	不透明至半透明	BBB级蓝珀圆珠，市场参考价：800～1000元/克（圆珠直径10mm）

淘宝实战

面对复杂纷乱的蓝珀市场，我们怎么才能淘到心仪的蓝珀藏品？选购时需要注意哪些方面？通过哪些渠道购买更为可靠……？面对这些问题，让我们一起来探讨一下关于蓝珀的淘宝实战的方法和经验。

蓝珀的市场行情

与其他珠宝相比，蓝珀不仅具有玉石的温润，还具有宝石的剔透。近几年来，随着人们对蓝珀的了解和鉴定机构的成熟，蓝珀在市场上开始流行，并且以其独特的色泽魅力，逐渐成为琥珀收藏界的新宠，价格也连年上涨。尤其是多米尼加蓝珀，由于其独特的蓝色光学反应，

小叶紫檀镶嵌多米尼加蓝珀戒指

稀少的产量而被誉为“琥珀之王”，受到众多收藏爱好者的追崇。质量上乘的多米尼加蓝珀圆珠，其价格更是由几年前百余元一克涨到如今每克已超过万元，涨幅达百倍。

蓝珀具有极高的收藏价值,未来的消费人群还会不断壮大。一方面，收藏爱好者对蓝珀的认知度在不断提升；另一方面，蓝珀的资源非常稀缺，优质的蓝珀产量非常有限，大部分原石多杂、多裂，完美无瑕的“天空蓝”蓝珀产量非常稀少。此外，蓝珀经过几千万年形成而来，是不可再生资源，其原石随时可能枯竭，所以其价格不断上涨也在所难免。预计在今后相当长的时间内，蓝珀的价格还会不断攀升，有潜力成为继和田玉、翡翠之后的又一收藏品主力。

多米尼加蓝珀手镯与镯心

蓝珀的投资与收藏

蓝珀以独特的那一抹灵动的蓝色征服了众多的收藏爱好者，加上其稀缺性，未来还会有较大的上升空间。这里，笔者建议大家在做蓝珀投资与收藏时，一定要具备丰富的蓝珀专业知识与独特的眼光。“物以稀为贵”，无论收藏其他任何宝石，只有高品质的才具备收藏价值。

蓝珀的投资前景

蓝珀被称为“琥珀之王”。其独特的色彩变幻受到珠宝爱好者的喜爱，并且随着蓝珀知识的普及和传播，收藏蓝珀的朋友也逐年增加。最近五六年，多米尼加蓝珀由数百元一克涨到几千元甚至上万元。目前市面上成色上乘的蓝珀圆珠，单克价都已经过万元。有的商家已经按照单件在出售，尤其成色上乘的蓝珀料子加上精湛的雕工，其价格更是难以估量。虽然蓝珀涨价较快，但是稀缺性远超过普通货，且外观特性明显，所以近几年的价格也不断上涨。

目前三大产地的蓝珀，一是多米尼加蓝珀，

它是真正意义上的蓝珀，呈现天空蓝色，具有透亮的蓝色光学反应；二是墨西哥蓝珀，墨西哥蓝珀从颜色上来说为蓝绿珀，呈现绿色调，而达到天空蓝的蓝珀非常稀少；三是缅甸蓝珀，又称为“金蓝珀”，自然光下呈现暗蓝色。在这三类蓝珀中，多米尼加蓝珀的价格最高，也最具有收藏价值。

多米尼加蓝珀圆珠手串

近几年来，蓝珀的价格一直保持着上涨的趋势，但是并非所有的蓝珀涨幅都一样，只有品质达到一定级别的蓝珀，才具有一定的保值和增值。市场上的蓝珀各种各样，有深浅不同的蓝色、蓝绿色，有料子干净的，也有带杂质和裂的等。此外，蓝珀还分不同等级，还有原石、戒面和雕件等。收藏蓝珀，首先考虑的是其材质的稀缺性，最好的蓝珀无杂、无裂，其净度越高就越难得，蓝珀越蓝，其价值越高。目前

墨西哥蓝珀手串

墨西哥蓝珀108颗珠串

市面上会杂夹着一些赝品，例如用塑料或者印尼柯巴树脂等冒充蓝珀，但是蓝珀的造假比较难，只要认真观看，很容易分辨出来。一是从价格上看，赝品的价格一般在几百元到上千元左右；另一个看相关的鉴定证书，造假的蓝珀很容易在检测机构检测出来。另外投资者还要注意的是，有些商家会用墨西哥蓝珀或者缅甸蓝珀来冒充多米尼加蓝珀，在选购的时候一定要加以区分。所以，选购蓝珀一定不要贪图便宜，笔者认为只有高品质的蓝珀才值得投资，当然价格也是不菲的。

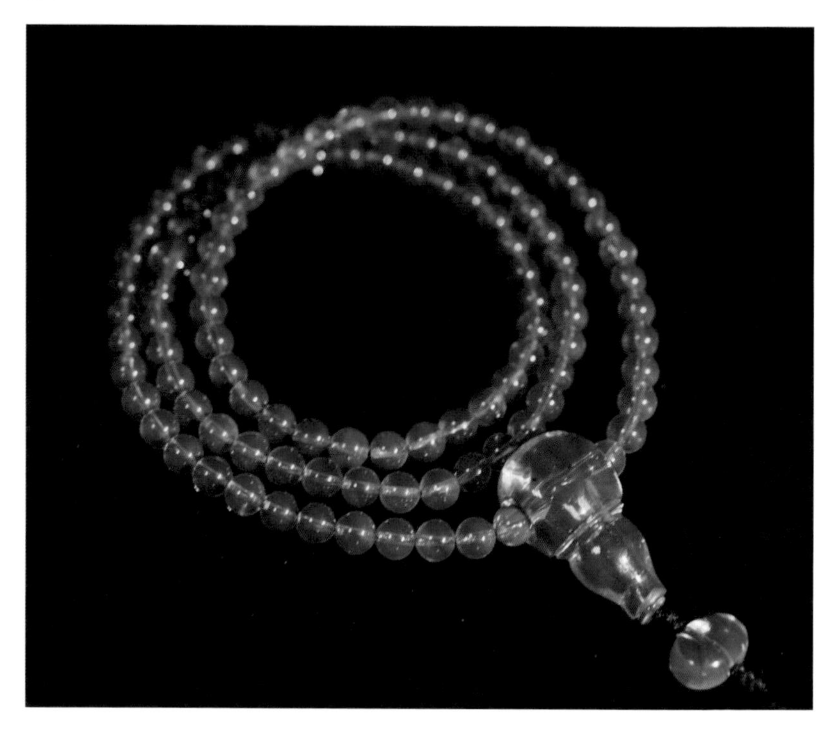

多米尼加蓝珀108子念珠

蓝珀的收藏有讲究

在蓝珀收藏中，多米尼加蓝珀占据着主流地位。一方面，因为多米尼加蓝珀以其最高的品质而早已闻名世界；另一方面，因其品质上乘的蓝珀产量相对较少，只有这部分蓝珀才具有更高的收藏价值。收藏蓝珀和收藏其他藏品一样，物以稀为贵，根据每个人的财力来挑选精品。在蓝珀的选择上，蓝度和净度是绝对不能忽视的准则，裂纹和内含物越少越好，当然内部含有植物、动物则不算杂质，而多米尼加蓝珀含有动植物是极罕见的。

一般而言，收藏蓝珀主要考虑蓝珀的形状和品质两部分，也即是形状和级别。形状包括蓝珀的品种、成品以及雕工。品质则主要为蓝

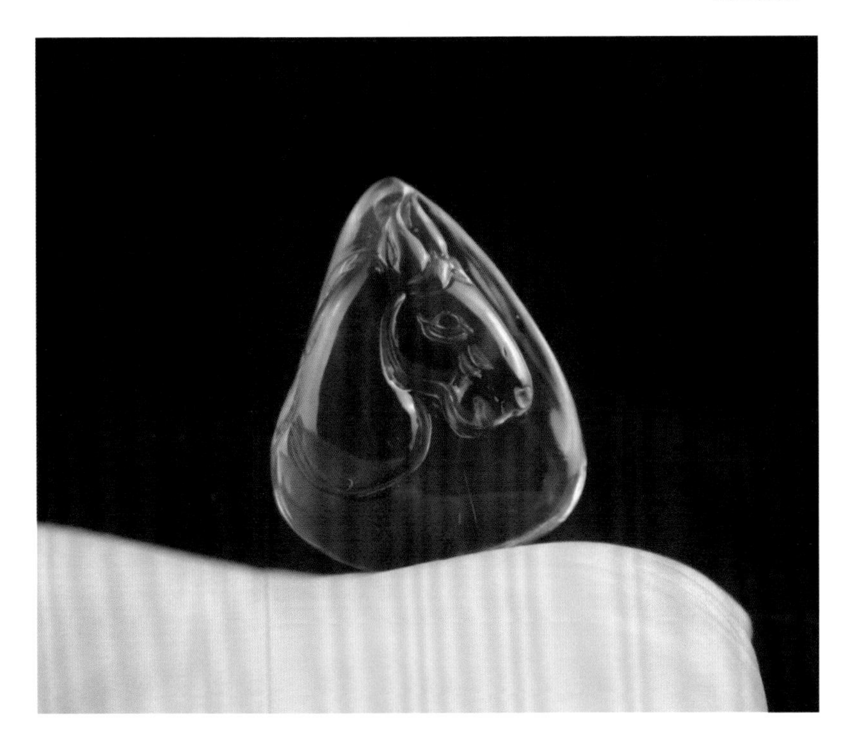

多米尼加蓝珀马形吊坠

珀的蓝度和干净度。针对之前介绍的蓝珀成品种类，收藏时需要注意以下几点。

蓝珀雕件：蓝珀雕件是目前蓝珀中数量最多的成品种类。若是普通玩家，预算有限，那么挑选自己喜欢的款式和形状即可，也就是我们所说的“眼缘”。如果是预算充足的藏家，那一定要注意挑选了。蓝度和净度自然不用说，需要注意的是多米尼加蓝珀大料干净的非常少，所以蓝珀雕件难免有些火山灰成分，天然的雕件大家不必特别在意。当然多米尼加蓝珀也有净水大料，只是这样的料子非常稀少。另外，雕件除了本身的料子品质之外，好的雕工也非常重要。一件高品

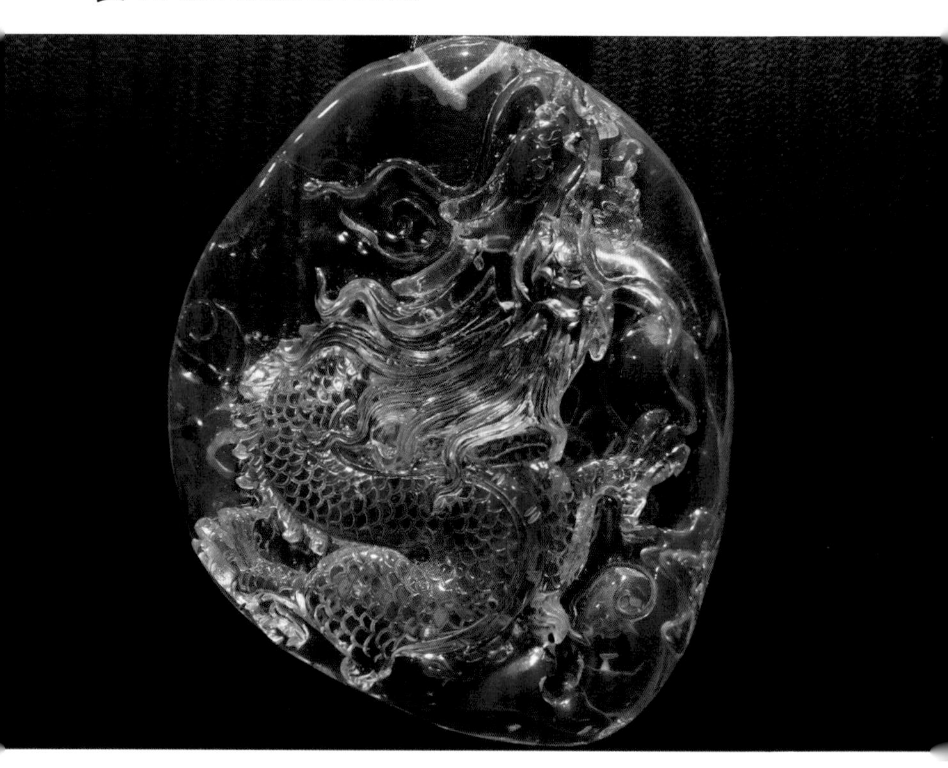

多米尼加蓝珀龙牌

天空蓝，雕刻精湛，尤其龙头和鳞片，非常精美，极具收藏价值。龙是中国人的图腾，佩戴龙牌，象征事业亨通，同时可以辟邪。

质的蓝珀原料，通过好的雕工尤其是名家雕刻，能大幅度地提升其收藏价值；反之，如雕工不好，则是毁了一件上好的蓝珀原料。所以说，一件好的蓝珀藏品就是品质上乘的原料配上精湛的雕工。小原料或者品质一般的原料，由于量大而且廉价，雕刻的速度越快，产量也越高，所以往往雕刻工艺很一般。

由于蓝珀的特性，雕刻过于繁多不一定能完好地呈现出蓝珀的特点。而好的雕刻大师，能避开原料的瑕疵，将自己的设计，用精湛的雕工展现出来，雕刻恰当好处，使得原本一块平淡无奇的原料，可以

多米尼加红皮蓝珀原石

变成一件可佩戴也可收藏的艺术品。

蓝珀原石：蓝珀原石带有一定的赌性，笔者建议大家收藏大开窗的蓝珀，即原料裸露部分适当大一些，开窗大一些的原料，基本能看清内部的净度和裂纹情况，减小赌石的风险。选择蓝珀原石，要尽量选择蓝度高、杂质少、裂少的原料。另外，在形状上挑选饱满，矿皮尽量完整，勿挑选畸形的原料。基本遵循这几点，就能挑到一块比较不错的原料了。

18K铂金镶嵌多米尼加蓝珀圆形戒指

蓝珀镶嵌品：由于蓝珀独特的蓝色，使得蓝珀镶嵌品独具魅力。在挑选蓝珀镶嵌品时，上面的裸石品质是第一位的，而后才是选择自己喜欢的款式。最经典的款式就是圆珠镶嵌的戒指、挂坠和耳饰。圆珠永远都不会过时。对于喜欢蓝珀，同时又想要一定保值增值的镶嵌成品，笔者推荐选择直径在 15 毫米以上蓝色干净的圆珠戒指、吊坠或者胸针等。因为只有这样的圆珠才具有一定的收藏价值。其他的款式，则遵循蓝度高和净度好的原则。

18K铂金镶嵌多米尼加蓝珀圆珠耳钉

18K玫瑰金镶嵌墨西哥蓝珀圆珠吊坠

18K铂金镶嵌多米尼加蓝珀圆珠耳钉

蓝珀珠串：由于多米尼加蓝珀内部的裂和内含物非常多，所以，有时候一块大的原料，也未必能出一颗完美无瑕的蓝珀珠子。收藏单珠的玩家，一定收藏3A级别的珠子，珠子直径最好达到15毫米以上，如果资金充裕的藏友收藏20毫米以上的珠子更佳。手串珠子一般直径在6毫米以上，只要是蓝珀品质达到3A级别，就具有一定的收藏价值。而对于108子念珠来说，由于珠子的数量较多，拼凑一串更为不易，所以只要是3A级别的108子念珠，都具收藏价值。无论是收藏手串还是108子念珠，除了珠子的品质要尽量挑选3A级之外，还要挑选珠串的蓝度越相近越佳，当然莫要追求绝对一致，天然不同原料打磨出的珠子蓝度总是不一致的。

多米尼加蓝珀手串

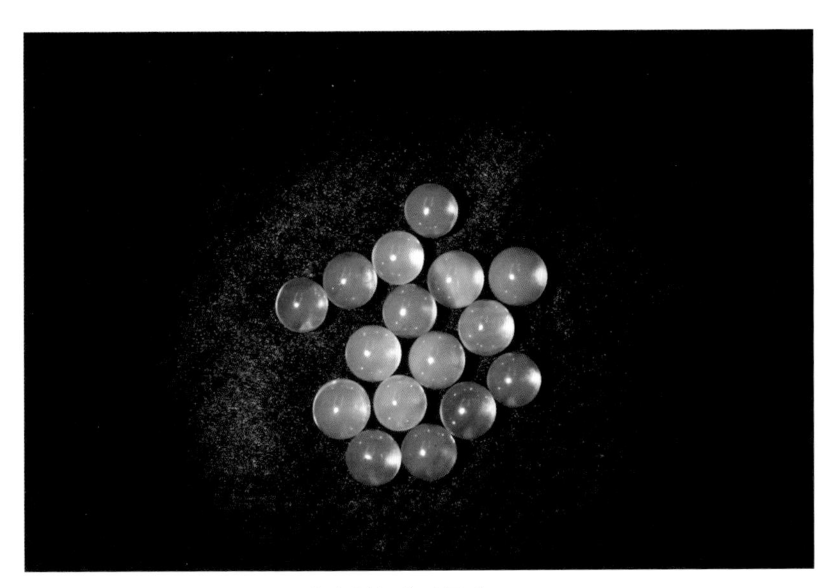

多米尼加蓝珀圆珠

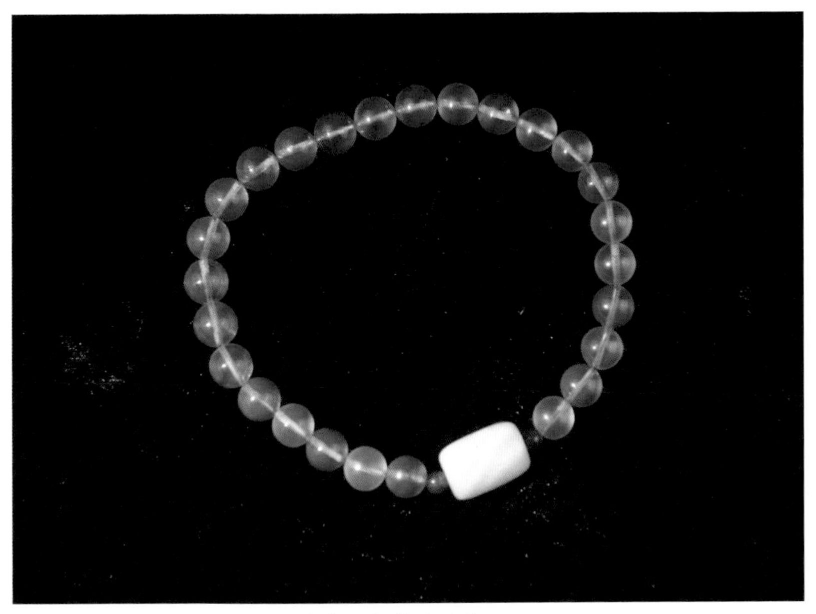

多米尼加蓝珀手串

蓝珀的购买渠道

关注蓝珀收藏的朋友都知道，在拍卖会上，蓝珀的价格直线飙升，很容易让蓝珀收藏爱好者望而却步。但是，大家也不要被拍卖会上蓝珀的价格所吓倒，因为拍卖会并不能代表所有的蓝珀市场，可以把拍卖会上的价格作为蓝珀前景的一种展望。为了不让蓝珀爱好者在艺术品市场迷失方向，下面介绍一下蓝珀的几种购买渠道。

第一，可以通过琥珀市场、文玩商店等渠道购买蓝珀。琥珀市场和文玩商店是选购蓝珀的首选，基本上任何时间到这里，都可以选购蓝珀，优点是能看到很多的蓝珀制品，缺点是有不少赝品掺杂其中，需要考验收藏爱好者的眼力。

第二，拍卖行。拍卖行中的蓝珀一般都能保真，但是拍卖周期比较长，建议选择专场拍卖会和大型的拍卖公司。需要注意的是，一定

多米尼加蓝珀圆珠

要在拍卖前的预展上研究拍品，确定自己对拍品的心理价位。

第三，珠宝展和艺博会。一般来说，每年都会有大大小小的珠宝展和艺博会，这时会有不少有经验的蓝珀商家前往。优势是能在短时间找到自己心仪的蓝珀，劣势是展览时间一般较短，所以有些商家掺假严重，不懂的人买了假货之后回头找不到商家，所以去这种地方选购蓝珀需要有比较丰富的专业知识。

第四，网购。现在网购逐渐成为藏友淘宝的一种趋势。越来越多的朋友开始从网上选购蓝珀，一是节省时间成本，二是价格比实体店确实低不少，三是方便快捷。当然，在网购蓝珀之前一定要查看相关的论坛介绍，选择信誉良好的网店购买。一定要注意“一分钱一分货”，网上有很多商家的蓝珀价格很低，一定注意是否掺假，或者只是低价的噱头，实际是没有货而吸引客源。

多米尼加蓝珀圆珠与戒指

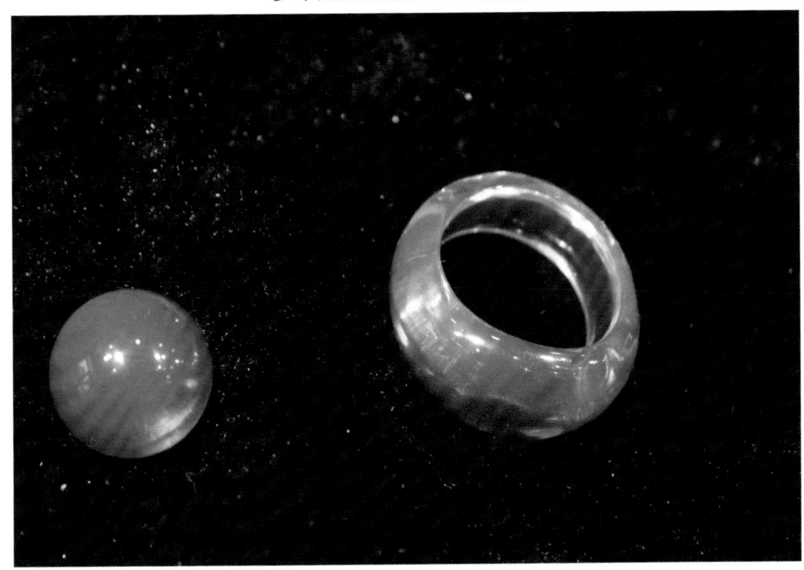

选购蓝珀需要注意什么

目前蓝珀市场鱼目混杂，蓝珀产地和蓝度、品质相差毫厘，价格却相差巨大，如果不注意做好准备，也许会损失惨重。所以在购买蓝珀前，一定要多做好功课，除了之前所讲，特别要注意以下几点。

1．产地。一定要问清楚产地，产地不同，价格相差数十倍。目前多米尼加蓝珀价值是最高的，所以价格自然也比较贵，一定要谨防其他产地的蓝珀冒充，特别是墨西哥蓝珀和缅甸蓝珀，其他产地的蓝珀没有多米尼加蓝珀明亮而灵动的韵味。所以在购买的时候，除了要选

可靠的商家之外，还要多看蓝珀实物。

2. 蓝度、净度标准。目前比较统一的蓝珀分级用 3A 的标准，而国内有 5A 甚至更高的等级标准出现，无论商家说的 5A，甚至 7A 的说法,最重要的还是要查看实物的实际情况,也就是看它的蓝度和净度。商家说的等级标准能作为参考借鉴，其实物的品质才是最重要的。

3. 在查看蓝珀蓝度的时候，光源一定要选择普通的白光灯，而不是紫光灯或者强光灯。以往墨西哥蓝珀刚进入国内不久的时候，常打紫光灯来冒充，而后又用强光灯，墨西哥蓝珀或者多米尼加蓝度一般的蓝珀，都会呈现出天空蓝。另外，现在有些商家会在自己的展示柜上方或者是柜台内部上方，偷偷藏放紫光灯，再加上柜台原本的白光灯，使得原本蓝度普通的蓝珀，呈现出非常靓丽的蓝色。

多米尼加蓝珀观音吊坠

18K金镶嵌多米尼加蓝珀随形戒指

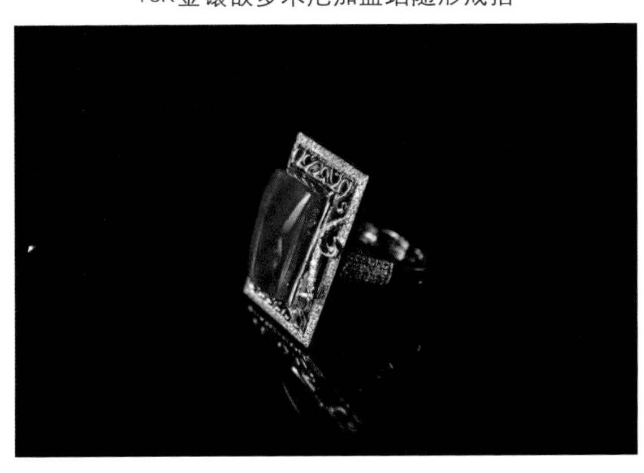

蓝珀的保养

目前我国的蓝珀收藏市场还处于发展阶段。蓝珀是琥珀的特殊品种，是世界上最轻的宝石，它是由豆荚树的树脂滴落，掩埋在地下几千万年，经过各种变化而形成。相对于其他宝石，琥珀算是比较娇气的，平时收藏或者佩戴，需要注意以下几点。

第一，蓝珀的熔点为250℃～300℃，在150℃会变软，所以蓝珀怕高温，平时避免阳光暴晒，避免放在阳光直射的地方。另外，如果

在白背景下多米尼加蓝珀呈金黄色

蓝珀长期处于高温环境，水分容易蒸发，会造成裂纹。

第二，蓝珀的硬度为摩氏硬度 2.0 ~ 2.5，与人的指甲硬度接近，可想而知其硬度是比较低的，所以平时佩戴时要注意防止磕碰和跌落，以免造成裂纹甚至损坏。另外，蓝珀存放的时候尽量单独存放，因为它与其他饰品放在一块，互相之间的摩擦容易导致刮痕。

第三，蓝珀容易受酸碱性物质的腐蚀，所以平时佩戴时，不宜过多接触洗漱用品，如香水、肥皂和洗洁精等。

第四，平时清理蓝珀的时候，可以用清水清洗干净，然后涂抹上婴儿油，蓝珀表面会充满光泽。

多米尼加蓝珀圆珠耳钉

专家答疑

学习完蓝珀的全部内容，您心中是否还有一些疑问和困惑？这里，我们将跟大家一起分享一下收藏专家和鉴定专家对蓝珀常见问题的详细解答，希望能对初入门的您有所帮助。

选购蓝珀应该注意哪些问题？

对于蓝珀爱好者来说，如何淘到精美的蓝珀饰品，是非常重要的。至于选择什么样的蓝珀，因人而异。有的人选择比较珍贵的蓝珀，有的人选择便宜的，有的人喜欢多米尼加蓝珀，有的人喜欢墨西哥蓝珀，

多米尼加蓝珀随形吊坠

多米尼加蓝珀福贝吊坠

有的人喜欢缅甸蓝珀，这都可以根据自己的实际情况来选择。除了之前第三章讲的购买要点之外，还要注意以下几种情况。

1. 选购蓝珀一定要量力而行。与其他藏品一样，品质上乘的蓝珀价格一定极高，但是贵的蓝珀不一定是上乘的蓝珀，具体还是得看蓝珀的大小、尺寸、雕刻工艺、蓝度与净度。在挑选的时候，一定要根据自己的实际情况变通才行。

目前琥珀市场持续升温，琥珀收藏乱象丛生，所以在挑选蓝珀的时候，不能以价格论品质。不少商家看有些买家不懂蓝珀，便把一些品质一般的蓝珀高价出售，而有些刚接触蓝珀的朋友，也许只是简单地了解一些蓝珀知识，便认为自己懂行，容易犯“眼高手低”的毛病，不少商家也正是看中这一点，所以大家要格外注意。

2. 网购蓝珀需谨慎。不可否认，目前网购已经成为现代人日常购物的方式之一。确实网络上也能挑选到品质好的藏品，但是网络上毕竟不能看到实物，不少商家拍照用强光灯，或者紫光灯加白光灯的方式，使得普通的蓝珀呈现出非常漂亮的蓝度。另外，网络上的蓝珀鱼目混珠，在挑选上也增加了不少难度，不仅要有足够的知识储备，还要找到有良好信誉的商家，在时间和精力上相对而言付出更多。

3. 勿要有捡漏的心态。在收藏圈里，有一个关于“捡漏”的有趣说法，你在捡别人漏的时候，可能也被别人捡了你的漏。“捡漏”的心态在收藏界里一直存在，特别是在古玩界，但是对于普通的玩家而言，这种想法是特别危险的，在没有足够的知识储备，捡漏心态有可能受骗。另外，更何况是多米尼加蓝珀，买的没有卖的精，即便有“漏”，也早就在商家的手中。只要懂得这些，就不会轻易上当。

蓝珀圆珠成品为什么价格高？

初次接触蓝珀的朋友，可能在询价之后会发现，一颗重量远没有雕件重的圆珠，价格有时候反而贵得多，这是为什么呢？

从原料加工成圆珠，损耗极大，而且对原料非常挑剔。在挑选原料时，要选形状厚实饱满、内部没有裂纹、没有内含物的优质原料。天然的蓝珀原料形状不可能比较方正，都是比较不规则，所以需要把形状继续切成比较饱满规整的方块形状，以便打磨制作出圆珠，在打磨的过程中，原料的损耗颇多，加起来能达到七八成左右。而普通的随形件和雕件，都会根据蓝珀原料的形状，最大化地利用原料，所以损耗比圆珠少得多。由此可见，圆珠所损耗的原料巨大，在蓝珀原石日益稀少的今天，圆珠相关的成品如圆珠镶嵌品、珠串等比其他成品价格更高。

圆珠越大，能做圆珠的原料就越少，如果是要收藏级的圆珠，那达到符合做圆珠标准的原料就更是少上加少。对于蓝珀而言，15 毫米以上的圆珠，具有一定的收藏价值。珠子做得越大，也就意味着损耗越大，在打磨的过程中，所有

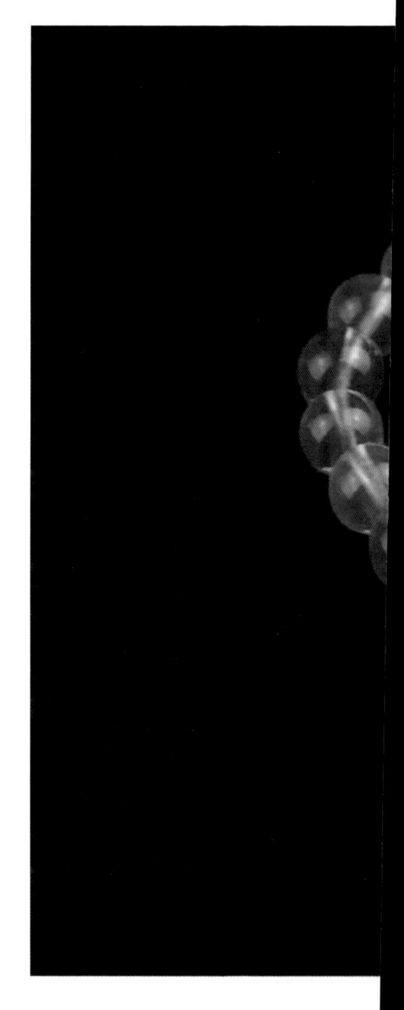

多米尼加蓝珀圆珠手串

边角都被磨成碎料粉末。

对于蓝珀珠串，不像普通的宝石，产量稀少，所以不可能用模具制作同一个大小尺寸的珠子，另外前面也讲过蓝珀的蓝度也各不相同，所以一批珠子加工出来后，大小颜色都各异，所以有时候需要几批珠子出来，才能凑出一条 108 子念珠，而有些剩余的散珠，需要等下几批珠子重新拼凑，相当于资金积压，这也无形当中增加了资金成本，这也是圆珠价格贵的因素之一。

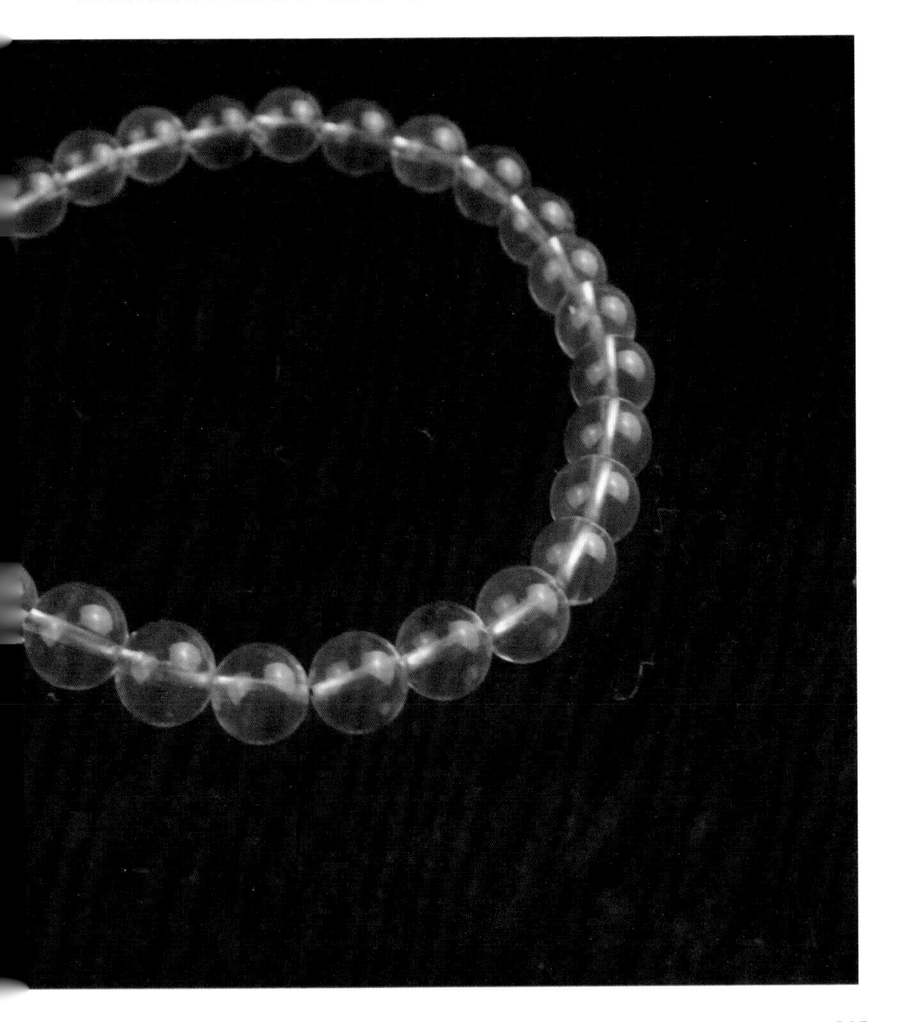

购买缅甸蓝珀需要注意哪些方面？

最近缅甸蓝珀也越来越多地出现在人们视野中，慢慢地开始流行起来。缅甸蓝珀有着和其他蓝珀类似的光学效应，目前也有一定的市场潜力，不少人看中缅甸蓝珀，不免也会涉及缅甸蓝珀的购买，所以下面介绍购买缅甸蓝珀时要注意以下事项。

第一，大部分的原石已经在商家手中筛选过一次，所以不要指望原石中能出精品，大部分原石都是商家挑剩下有杂有裂的，即使有少量商家出售品质好的原料，也不会低价出售。特别是网络上看到的低价原料，不要有捡漏的心态。

第二，实体店挑选成品的时候，尽量挑选品质好的成品，也就是内部干净或者尽量少杂质，蓝度上乘的。当然品质越好，价格也越高，具体要考虑个人财力情况。

第三，在网络上挑选缅甸蓝珀的时候，一定要注意图片。网购越来越盛行，慢慢也成为生活中的一部分，有许多朋友在网上购买东西收到之后会感到失望，因为照片与实物相差非常大。而缅甸蓝珀，更加要注意图片，有一些商家会将图片进行处理，以便于出售，最常见就是加蓝处理，即商家利用 PS 等图片处理软件将图片颜色蓝度调蓝。最简单的方法就是让商家用相机在正常的室内光下进行拍摄，发送原图，看图片。

缅甸蓝珀手串

为什么蓝珀需要在黑背景下才呈现出蓝色？

蓝珀在正常的情况下呈现出淡黄色，和普通的琥珀没有区别，变换角度查看表面会有淡淡的蓝色，但是把蓝珀放在深色背景上，蓝珀就呈现出蓝色，并且随着自然光线的增强，其蓝色越加强烈。在紫光灯下，蓝珀呈现出极强的荧光反应。

多米尼加蓝珀小酒樽摆件

为什么蓝珀在黑色背景下才呈现出蓝色呢？蓝珀之所以在黑色背景下才会有光学效应，是因为在黑色背景下，光被吸收，所以其蓝色非常显眼；而在白色背景下，光被反射，蓝色在白光下显得黯淡无光，肉眼则看不到蓝光。蓝珀的内含物越多，其蓝度也越容易显现。

多米尼加蓝珀龙牌吊坠

蓝珀国内能做鉴定吗？有证书就可靠吗？

对于普通买家，在购买一件珠宝的时候，如果对产品一点儿都不懂，最好的方式便是拿到鉴定中心去做鉴定，对于真品，鉴定机构会出具证书，对于假冒产品，鉴定部门人员也会讲清楚。

普通的珠宝，证书确实是一个正品的凭证。对于蓝珀而言，由于国内鉴定机构对蓝珀没有特别深入的研究，或者说目前蓝珀的市场没有一个准确的标准，证书具有一定的局限性。国内目前比较权威的是国家珠宝玉石质量监督检验中心（简称“国检”），而无论是多米尼加蓝珀、墨西哥蓝珀和缅甸蓝珀，证书上都只标注为琥珀，而其他大部分的鉴定机构则为蓝珀。因产地不同，蓝珀的价格也有天壤之别，

多米尼加红皮蓝珀佛把件

缅甸蓝珀手镯与镯心

墨西哥蓝珀多子多福挂件

然而产地在证书中是无法体现的，这一点需要注意。

目前国内大型检测机构，除了国检之外，还有北大宝石鉴定中心、中国地质大学珠宝检测中心等。所以，大家平时在选购蓝珀时，必要的话可以去这些鉴定机构做一次鉴定。

带有证书的蓝珀一定可靠吗？答案是不一定。首先前面讲过证书不会标明产地，只能证明是否为琥珀或者蓝珀。其次，现在有不少商家做的假证书，或者是没有资质的鉴定部门出具证书。那么，什么样的证书才可靠呢？

第一，珠宝鉴定证书上必须印有该机构的资质，如CAL、CMA、CNAS和ILAC-MRA，CMA是鉴定机构最基本的资质要求，如果证书上CMA标志都没有，那证书就不具有参考性。相对而言，标志越多的鉴定机构也更加权威，国内目前最权威的机构首推国家珠宝玉石质量监督检验中心。

第二，鉴定机构证书上有详细的机构信息。鉴定证书上有该机构的钢印，机构的详细地址、联系方式、网站等信息，还有检验人或者负责人的签名，另外最重要的是每个证书鉴定的产品都有单独的编号，通过编号可以在证书上所标明的网站查询到此产品的相关信息。

第三，鉴定证书有详细的鉴定内容。不同的机构检测有略微差异，一般会对产品的重量、形状、颜色等做描述。另外，如果产品有不被认可的处理，则会在备注等栏目加以注明。

第四，鉴定机构都会将鉴定的信息上传到网络上，通过网站，可以查询产品鉴定信息。对于新鉴定的产品，一般网站录入信息需要几天的时间，待几天后再查询即可。

证书符合以上四点，那么证书是比较权威的。但是蓝珀的证书只是作为一种参考，还有很多信息不能完全体现出来，更多的是需要自己对产品有更深入的认知。

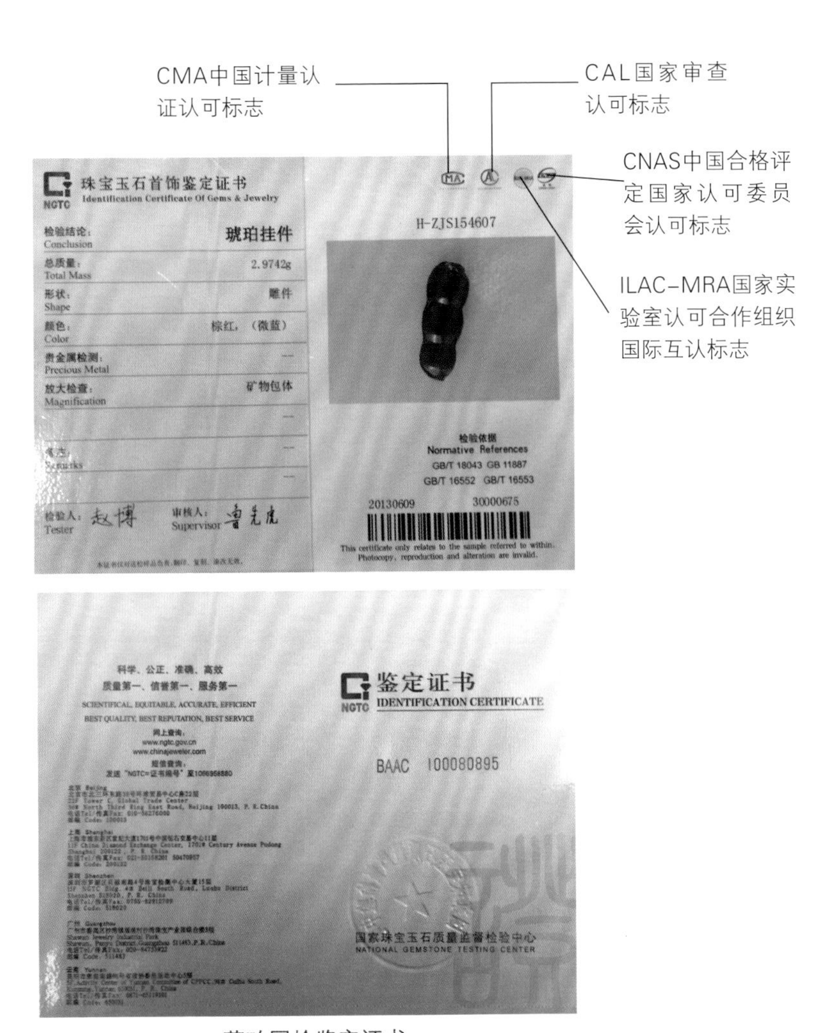

NGTC 珠宝玉石首饰鉴定证书
Identification Certificate Of Gems & Jewelry

检验结论：Conclusion	琥珀挂件
总质量：Total Mass	2.9742g
形状：Shape	雕件
颜色：Color	棕红，（微蓝）
贵金属检测：Precious Metal	—
放大检查：Magnification	矿物包体
	—
备注：Remarks	—
	—

检验人：Tester 赵博　审核人：Supervisor 曾先虎

H-ZJS154607

检验依据
Normative References
GB/T 18043 GB 11887
GB/T 16552 GB/T 16553

20130609 30000675

This certificate only relates to the sample referred to within.
Photocopy, reproduction and alteration are invalid.

科学、公正、准确、高效
质量第一、信誉第一、服务第一
SCIENTIFICAL, EQUITABLE, ACCURATE, EFFICIENT
BEST QUALITY, BEST REPUTATION, BEST SERVICE
网上查询：
www.ngtc.gov.cn
www.chinajeweler.com

NGTC 鉴定证书
IDENTIFICATION CERTIFICATE

BAAC 100080895

国家珠宝玉石质量监督检验中心
NATIONAL GEMSTONE TESTING CENTER

蓝珀国检鉴定证书

市面上有没有类似蓝珀的假冒品？

目前来说，市面上有类似蓝珀的品种，一种是其他产地的蓝珀冒充多米尼加蓝珀；另一种是有类似蓝珀的产品。

市场上有用塑料冒充蓝珀，此种很容易鉴别，因为蓝珀有变色特性，而塑料的颜色不会变的。

还有一种高级塑料，一些商家称其为“蓝精灵”、“中东蜜蜡”，

18K玫瑰金镶嵌多米尼加蓝珀戒指

由商家直接仿冒蓝珀出售，实质上是一种塑料。此种仿品也很容易鉴别，珠子变换角度发红，也没有蓝珀的变色效果。

印尼柯巴树脂，是一种未石化的树脂，有着强烈的光学效应，在紫光灯下呈蓝紫色，其颜色偏于蓝紫色，与真正的蓝珀相差甚远。

只有多看多学习多米尼加蓝珀的特点，这些仿品就非常容易区别，因为蓝珀的光学效应太独特，只要运用蓝珀光学效应的特点，以及其深邃而灵动的天空蓝的颜色特点，大部分仿品都很容易区分。

蓝精灵仿蓝珀手串

塑料仿蓝珀手串

印尼柯巴树脂仿蓝珀原石

18K玫瑰金镶嵌多米尼加蓝珀戒指

为什么蓝珀戒指或者挂坠看起来特别蓝？

蓝珀在白色背景上呈现浅黄色，而在深色背景上则呈现出天空蓝。一般蓝珀镶嵌成品采用黄金、铂金或者银来镶嵌，戒托或者吊坠托都是银白色或者金色，如果直接将蓝珀镶嵌，只能呈现出底色浅黄色，所以一般会将镶嵌的底部涂黑，这样蓝珀才会呈现出天空蓝的颜色。

当然也有部分镶嵌后背不封底，这样会随着穿着的衣服、光线的变换，呈现出更多变化。特别是红皮蓝珀镶嵌成品，留红皮并且不封底镶嵌，制作出的蓝珀成品非常漂亮。另外，如果内部有部分火山灰或者流淌纹、植物等，也有封底底部不做涂黑处理。

18K玫瑰金镶嵌多米尼加蓝珀圆珠吊坠

“从新手到行家”
系列丛书

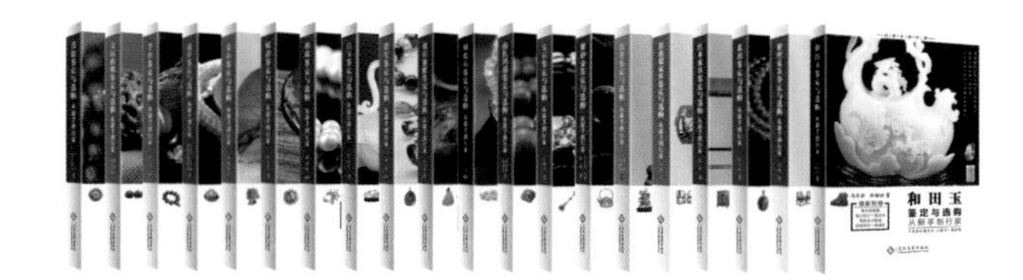

《和田玉鉴定与选购
从新手到行家》

定价：49.00 元

《南红玛瑙鉴定与选购
从新手到行家》

定价：49.00 元

《翡翠鉴定与选购
从新手到行家》

定价：49.00 元

《黄花梨家具鉴定与选
从新手到行家》

定价：49.00 元

《奇石鉴定与选购
从新手到行家》

定价：49.00 元

《琥珀蜜蜡鉴定与选购
从新手到行家》

定价：49.00 元

《碧玺鉴定与选购
从新手到行家》

定价：49.00 元

《紫檀家具鉴定与选
从新手到行家》

定价：49.00 元

《菩提鉴定与选购
从新手到行家》

定价：49.00 元

《文玩核桃鉴定与选购
从新手到行家》

定价：49.00 元

《绿松石鉴定与选购
从新手到行家》

定价：49.00 元

《白玉鉴定与选购
从新手到行家》

定价：49.00 元

《珍珠鉴定与选购
从新手到行家》

定价：49.00 元

《欧泊鉴定与选购
从新手到行家》

定价：49.00 元

《红木家具鉴定与选购
从新手到行家》

定价：49.00 元

《宝石鉴定与选购
从新手到行家》

定价：49.00 元

《手串鉴定与选购
从新手到行家》

定价：49.00 元

《蓝珀鉴定与选购
从新手到行家》

定价：49.00 元

《沉香鉴定与选购
从新手到行家》

定价：49.00 元

《紫砂壶鉴定与选购
从新手到行家》

定价：49.00 元

图书在版编目（CIP）数据

蓝珀鉴定与选购从新手到行家 / 商文斌编著 .
-- 北京 ：文化发展出版社有限公司，2016.6
ISBN 978-7-5142-1325-6

Ⅰ．①蓝… Ⅱ．①商… Ⅲ．①琥珀－鉴定②琥珀－选购
Ⅳ．① TS933.23

中国版本图书馆 CIP 数据核字 (2016) 第 093077 号

蓝珀鉴定与选购从新手到行家

编　　著：商文斌
出 版 人：武　赫
责任编辑：肖贵平
责任校对：岳智勇
责任印制：杨　骏
责任设计：侯　铮
排版设计：金　萍

出版发行：文化发展出版社（北京市翠微路 2 号　邮编：100036）
网　　址：www.keyin.cn　www.pprint.cn
经　　销：各地新华书店
印　　刷：北京博海升彩色印刷有限公司
开　　本：889mm × 1194mm　1/32
字　　数：100 千字
印　　张：5
印　　次：2016 年 6 月第 1 版　2020 年 11 月第 3 次印刷
定　　价：49.00 元
ISBN：978-7-5142-1325-6

◆ 如发现任何质量问题请与我社发行部联系。发行部电话：010-8827571(